节水社会建设分区节水模式与评价标准研究

刘华平　张晓今　胡红亮　著

黄河水利出版社
·郑州·

内 容 提 要

本书在分析国内外关于节水型社会建设研究和实践的基础上,根据湖南省“十二五”节水型社会建设现状,对长沙等四个国家级节水型社会试点城市进行了后评价,基于工业和农业产业分类,对湖南省节水型社会进行了分区研究,并提出了分区评价指标体系。通过对湖南省典型灌区、工业园区的调研分析,参考相关省市成果,提出了湖南省节水型灌区和工业园区的评价标准,针对湖南省节水型社会建设实际,提出了9个有针对性的建议。

本书可供节水型社会建设工作者、政府领导、水利工作者在工作和学习中参考,也可作为水利专业在校学生的参考教材。

图书在版编目(CIP)数据

节水社会建设分区节水模式与评价标准研究/刘华平,张晓今,胡红亮著.—郑州:黄河水利出版社,2020.7
ISBN 978-7-5509-2671-4

Ⅰ.①节… Ⅱ.①刘… ②张… ③胡… Ⅲ.①节约用水-研究-中国 Ⅳ.①TU991.64

中国版本图书馆 CIP 数据核字(2020)第 083644 号

组稿编辑:王路平 电话:0371-66022212 E-mail:hhslwlp@126.com

出 版 社:黄河水利出版社 网址:www.yrcp.com
地址:河南省郑州市顺河路黄委会综合楼 14 层 邮政编码:450003
发行单位:黄河水利出版社
发行部电话:0371-66026940、66020550、66028024、66022620(传真)
E-mail:hhslcbs@126.com
承印单位:虎彩印艺股份有限公司
开本:787 mm×1 092 mm 1/16
印张:10.5
字数:240 千字
版次:2020 年 7 月第 1 版 印次:2020 年 7 月第 1 次印刷

定价:60.00 元

前　言

我国的人均水资源量仅为世界平均水平的1/4,是全球人均水资源最贫乏的国家之一,同时,也是世界主要经济体受水资源胁迫程度最高的国家。水资源分布不均、人均水资源不足、经济社会发展与水资源不相适应,水资源短缺,用水效率低,水环境污染与水生态退化等已成为我国国民经济和社会发展的重要制约因素。

节水是破解我国水资源约束瓶颈的关键措施。建设节水型社会是解决缺水问题最根本、最有效的战略举措,对实现人与自然和谐相处,促进经济、社会、环境协调发展,建设资源节约型、环境友好型社会具有重要的意义。

为加快节水型社会建设,践行“节水优先、空间均衡、系统治理、两手发力”的治水方针,在水利部统一部署和中央财政的大力支持下,水利部先后分四批确定了100个全国节水型社会试点,试点建设成效显著,取得了丰富的实践经验,初步形成了政府主导、市场调控、公众参与的节水型社会运行机制;农业节水增效,城镇节水降损,工业节水减排,为全面建设节水型社会奠定了基础。

节水型社会建设是一项复杂的社会系统工程,既是节水减排、高效用水,也是发展方式、生产方式和生活方式的转变。同时,解决水资源问题是节水型社会建设的出发点和落脚点,以水资源的可持续利用保障社会经济的可持续发展。各区域水资源承载能力、社会经济发展水平和生态环境状况不同,节水型社会建设的重点和具体措施也不相同。找准水资源问题的根本,抓住节水型社会建设的切入点,因地制宜,及时解决节水型社会建设短板,才能将节水型社会建设不断向前推进。

本书密切结合湖南省节水型社会建设的实际,对节水型社会分区进行了较为系统的研究。全书共分八章,主要内容包括:在分析国内外节水研究和实践的基础上,归纳总结了节水型社会建设取得的经验和存在的问题,根据节水型社会建设的过程和内涵的发展,提出了节水型社会发展的三个阶段。通过对长沙、株洲、湘潭、岳阳四市节水型社会建设试点后评价,提出了节水建议,根据工业和农业节水分区,提出了分行业评价指标体系,并采用模糊层次分析法和物元分析理论进行了分析评价。根据湖南省典型灌区和工业园区调研分析,参考相关省市资料,提出了湖南省节水型灌区、工业园区评价标准,结合湖南省实际,提出了9条有针对性和可操作性的建议,为今后节水型社会建设提供了技术支撑。

本书在编写过程中得到了湖南省水利厅和相关单位的大力支持与帮助,许多同志参与了本书的调研和实践工作。另外,本书在编写过程中还引用了大量的参考文献。在此,谨向为本书的完成提供支持和帮助的单位、所有研究人员和参考文献的作者表示衷心的感谢!

由于作者水平有限,书中难免存在不妥之处,敬请读者批评指正。

作者

2020年1月

目　录

第 1 章　绪　论

1.1　研究的背景及意义

1.1.1　研究背景

1.1.1.1　国内背景

我国的淡水资源总量为 28 000 亿 m^3，占全球水资源的 6%，仅次于巴西、俄罗斯和加拿大，名列世界第四位；但是，我国的人均水资源量只有 2 300 m^3，仅为世界平均水平的 1/4，是全球人均水资源最贫乏的国家之一，也是世界主要经济体受水资源胁迫程度最高的国家。目前，正常年份缺水 500 亿 m^3，根据国内外权威机构预测，到 2030 年，全国用水量还要增长 1 500 亿~3 000 亿 m^3；按美国人均生活用水量 215 m^3 每年计算，我国 14 亿人口仅生活用水量一项就将达到 3 000 亿 m^3，而 2016 年实际生活用水量仅 821.6 亿 m^3；按美国人均综合用水量 1 700 m^3 每年计算，至 2050 年，达到中等发达国家水平时总用水量将达到 25 500 亿 m^3（按 15 亿人口计算），接近我国多年平均水资源总量 28 000 亿 m^3。所以，水资源分布不均、人均水资源分配不足、经济社会发展与水资源不相适应，这是我国水资源的基本现状。基于此，降低人均综合用水量，提高水资源综合利用效率和效益，节水理所当然就成为了破解我国水资源约束瓶颈的关键措施。

20 世纪 80 年代初，我国开始开展国家层面的节水工作，1990 年国家提出创建“节水型城市”，2000 年首次提出“建立节水型社会”，为此水利部和相关部门先后出台的文件有：《关于印发〈开展节水型社会建设试点工作指导意见〉的通知》（水资源〔2002〕558 号）、《关于加强节水型社会建设试点工作的通知》（水资源〔2003〕634 号）、《关于印发〈节水型社会建设评价指标体系（实行）〉的通知》（办资源〔2005〕179 号）、《关于印发〈节水型社会建设规划编制导则〉的通知》（办资源〔2008〕142 号）、《国家农业节水纲要2012~2020》（国办发〔2012〕55 号）、《关于深入推进节水型企业建设工作的通知》（工信部联节〔2012〕431 号）、《计划用水管理办法》（水资源〔2014〕360 号）、《全民节水行动计划》（发改环资〔2016〕2259 号）、《关于推进合同管理促进节水服务产业发展的意见》（发改环资〔2016〕1629 号）、《关于开展节水型居民小区建设工作指导的通知》（全节办〔2017〕1 号）、《关于开展县域节水型社会达标建设工作的通知》（水资源〔2017〕184 号）。同时，水利部和国家发展和改革委员会在“十一五”“十二五”“十三五”期间分别制定了全国节水型社会建设规划。通过实施以水资源总量控制与定额管理为核心的水资源管理体系、与水资源承载能力相适应的经济结构体系、水资源优化配置和高效利用的工程技术体系、公众自觉节水的行为规范体系等“四大体系”建设，节水型社会建设取得了显著成效。主要表现在：节水型城市建设、节水型社会建设试点工作有序推进，节水工程技术措施加快推广应用，节水型社会制度建设取得新的进展，用水效率和效益明显提高，全社会节水意识不断增强；初步形成了政府主导、市场调控、公众参与的节水型社会运行机制；农业节水增效，城镇节水降损，工业节水减排，为全面建设节水型社会奠定了基础。

但是，“十二五”以来，特别是党的十八大和十八届二中、三中全会以来，我国进入新的转型发展期。随着气候变化和工业化、城镇化、农业现代化的快速发展，水资源短缺、水生态损害、水环境污染等新老交织问题愈发突出。水资源供需矛盾始终是制约经济社会可持续发展的主要瓶颈。根据2016年国家水资源公报，我国全年用水总量为6 040.2亿 m^3，农业用水量是3 798.0亿 m^3，农业用水占全国用水总量的62.4%。万元国内生产总值(当年价)用水量81 m^3，万元工业增加值(当年价)用水量52.8 m^3。农田灌溉水有效利用系数仅为0.542，远低于发达国家农田灌溉水有效利用系数0.7~0.8的水平。

为加快节水型社会建设，践行“节水优先、空间均衡、系统治理、两手发力”的治水方针，根据“十三五”规划编制工作的总体部署，国家发展和改革委员会、水利部、住房和城乡建设部联合组织编制了《节水型社会建设“十三五”规划》。至2020年，全国年供用水总量控制在6 700亿 m^3 以内。万元国内生产总值用水量、万元工业增加值用水量较2015年分别降低23%和20%。全国城市公共供水管网漏损率控制在10%以内，城镇和工业用水计量率达到85%以上。农田灌溉水有效利用系数提高到0.55以上，大型灌区和重点中型灌区农业灌溉用水计量率达到70%以上。

1.1.1.2 湖南省背景

从总体来看，湖南省水资源总量在全国排名中比较靠前，全省多年平均水资源总量为1 689亿 m^3(1956~2000年)，多年平均降水量1 450 mm，多年平均地下水资源量391.5亿 m^3，地表水资源量1 682亿 m^3。

湖南省水资源分布主要特征为：受降水影响明显、水资源年内分配不均，年际变化较大及地域分布不均；水资源配置工程不足，流域水资源开发利用不一致，人均水资源量地区不均衡，工程型、水质型缺水均不同程度存在。

根据2016年湖南省水资源公报，全省万元GDP和万元工业增加值用水量分别为105.7 m^3 和79.6 m^3(均为当年价)，高于全国平均水平81 m^3 和52.8 m^3。农田灌溉水有效利用系数为0.514 0，低于全国平均水平0.542。在水体污染方面，2016年主要江河水质监测断面376个。376个主要江河省控监测断面中，Ⅰ~Ⅲ类水质断面368个，占97. 9%；Ⅳ类水质断面6个，占1. 6%；Ⅴ类水质断面2个，占0. 5%。与2015年同期可比断面相比，全省原有98个江河省控断面水质无明显变化，Ⅰ~Ⅲ类水质断面96个，占98. 0%；Ⅰ~Ⅲ类和Ⅴ类水质断面比例比2015年分别增加1. 0%，劣Ⅴ类水质断面比例减少2.0%。影响全省河流水质的主要污染指标为总磷、化学需氧量、氨氮、溶解氧、五日生化需氧量、氟化物、砷和石油类等，个别断面存在镉、六价铬、高锰酸盐指数和阴离子表面活性剂等指标月监测浓度超标现象。

而在节水方面存在的主要问题有：节水立法及政策制度尚不完善，已有法规的执行难度大、监管手段少。水资源对经济社会发展的刚性约束不强，尚未发挥应有的倒逼作用。节水职责不明确，节水措施落实不到位。有效提高社会节约用水的政策和经济措施不得力，市场激励机制不健全；节水设施水平有待提升，农业节水规模化发展程度不高，部分工业行业的生产工艺和关键环节普遍存在用水浪费现象。节水监管能力还需加强,取用水计量与监控能力不足。基层节水管理机构和队伍能力不足,节水型社会服务体系尚未形成。节水意识不强,全社会节水意识较为淡薄,水资源对国民经济、社会经济和生态环境的重要性还未引起人们的足够重视。

1.1.2 研究意义

水资源短缺,用水效率低,水环境污染与水生态退化已成为我国国民经济和社会发展的重要制约因素。经济增长方式粗放,资源消耗大、浪费大,环境污染严重是问题的根源所在。节水型社会建设为解决这些水问题提供了有效途径,建设节水型社会是解决缺水问题的最根本、最有效的战略举措,对实现人与自然和谐相处,促进经济、社会、环境协调发展,建设资源节约型、环境友好型社会具有重要的意义。

从一定意义上讲,节水型社会建设不仅是应对水危机的关键,更是关系国家安全、流域安全和区域安全的重大战略举措。节水型社会旨在通过政治、经济、社会、技术和文化等措施,建立水资源取、供、用、排、回用全过程的用水管理制度体系,涉及水资源的开发、利用、管理、配置、节约和保护等诸多方面,最终实现把节水和水资源保护贯穿于国民经济发展和群众生产生活的全过程中,实现水资源的可持续利用。同时,节水型社会建设能够带来巨大的收益并具有重大的意义,主要体现在以下几个方面:

(1)节水型社会建设是经济社会可持续发展的必然选择。做好节水工作,是实现从传统水利向现代水利、可持续发展水利的根本性转变。建设节水型社会一方面有利于我国社会产业结构调整,另一方面会促进我国资源环境与经济发展的高度一致。可持续发展要求各级政府因地制宜、合理调整产业结构来推动水资源利用向集约、高效和节约保护发展。因此,建设节水型社会是我国实现可持续发展的必然选择。

(2)节水型社会建设是解决经济社会发展与水资源短缺问题的根本举措和有效途径。粗放的用水方式是粗放的经济增长方式的表现,节水型社会建设就是改变粗放式水资源开发利用方式,建立集约型、效益型的水资源开发方式,通过推动产业结构调整,促进经济增长方式转变,降低发展成本。同时,节水型社会是一种资源消耗低、高效利用的社会运行状态。当前,水资源紧缺、水环境恶化与水生态破坏已制约我国经济和社会的发展。破解缺水问题的根本出路,还在于全面建设节水型社会。

(3)节水型社会建设是解决行业用水矛盾,维护社会稳定的有效手段。由于供水紧张,区域之间、行业之间、用水户之间的矛盾较为突出。行业用水差距大,农业用水份额高,水资源利用效益较低,供需矛盾突出。通过节水型社会建设,进一步健全用水总量控制和定额管理制度,完善水价制度,建立起自律式发展的节水模式,建立以水权、水市场理论为指导的水资源管理体制,充分发挥政府调控、市场引导、公众参与的作用,才能确保用水安全,促进经济、资源、环境协调发展,维护社会稳定。

(4)建设节水型社会是改善生态环境的需要,是遏制生态环境进一步恶化的有效手段。随着城市化进程的不断加快和城市人口的急剧增长,对淡水资源需求增加的同时,会产生更多的废水,致使水污染日益严重,导致河道生态环境不断恶化。节水就是减污,减少污水处理投资和成本,虽然南方的水资源比较丰富,但水污染严重使南方更多城市出现水质型缺水,导致守在水边没水用。水资源是生态环境的基本控制要素,是绿洲赖以维持和存在的基础。由于污染严重,加之河流来水减少,造成河道生态环境恶化,更加剧了水资源的短缺;节水型社会建设的目标就是实现水资源的优化配置、节约和保护,使生态环境得到有效保护并恢复。全面建设节水型社会,转变水资源利用模式与管理方式,大力实施节水措施,实现生产、生活、生态用水的协调统一,才能逐步遏制生态恶化的趋势,实现河流重点治理的目标和要求,才能为生态恢复与重建提供条件。

(5)节水型社会建设是促进人水和谐的重要体现和必然选择。坚定不移地树立以人为本、节约资源、保护环境,人与自然和谐相处的观念,必须从水资源相关法律制定与实施、水工程建设、水资源利用技术上,提高水资源的有效利用率、减少水资源浪费、保护水资源,实现水资源的优化配置,最终建成节水型社会。体现在水利工作中就是要坚持新的治水思路,在保障供水安全的同时,更加注重水资源的节约与保护,着力提高水资源利用效率,促进人水和谐。

1.2 国内外研究现状

1.2.1 国外研究现状

美国是世界上最早实现以法治水的国家之一,20世纪40年代美国颁布的《水污染控制政策声明》中规定,国家的生存,包括未来城市、工业和商业的生存与发展,都取决于我们如何保护水资源。1998年美国颁布了《节水规划指南》,其中规定了向用户普及节水知识、开展用水审计及帮助用户分析用水效率和用水费用、制定特殊时期如干旱或者洪涝季节的用水标准等;《美国环境政策法》还规定,国家确认水权且允许水权经过登记之后可以在市场上交易;民众参与节水制度建设方面,《美国公共健康服务法》规定,每个州都应在最大可能程度上鼓励公众节水,还鼓励公众积极参与节水立法;在美国,水权实现了真正的商品化,让水权进入市场交易,充分运用商品价格杠杆调节作用,用市场手段调剂民众在水资源取用中的供需矛盾。此外,美国还建立了一个所谓"水银行"制度,水银行如同一个中介交易机构,用户可以将剩余的水资源像银行存款一样存储在中介机构,存取自由,从中获得一定收益,实现水尽其用。

日本的水资源总量和人均水量均在世界前列,但日本很早就确立了节水制度,1896年的《河川法》是一部管理节水问题的纲领性法律文件。1970年日本又制定了《节水用水纲要》,动员市民共同努力,建设节水型城市,并且对水资源按照用途分为农业用水、工业用水、居民生活用水等,实行分类管理,根据此分类,由不同的部门分别管理,其中日本国土厅在水供求计划的基础上编制全国长期节水计划。20世纪90年代,日本就对其水资源管理体制进行了全方位的改革,由原有的"多头管水"改为"一头管水,多头配合"的管理体制,形成了各部门之间相互协调相互合作的管理局面。此外,日本也非常重视高科技在节水中的运用,完善节水技术标准研究,积极探索水产品的研发和实践应用,同时将电子技术引入节水领域,为节水监测和预警提供准确的数据依据。

以色列早在1948年就声明全国的水资源均归国家所有,每个公民都享有用水的权力，并先后颁布了《水计量法》《水灌溉控制法》《排水及雨水控制法》及《水法》，以达到节水的目的。其中，《水法》是最基本、最主要、最全面的法律，对用水权、水计量及水费率等方面都做了具体规定，包括废水处理、海水淡化、控制废水污染和土壤保护等。以色列节水管理部门分为三级，水务委员会为最高级别的管理机构，负责有关行政法规及技术措施的实施。地方机构负责其管辖范围内所有用水的计量，并监督各种水供应及废水排放条款及禁令的执行。公众团体如水协会、计划委员会、水务法庭等则接纳和处理对水管理中不合理、计划错误等反对意见。

英国和法国的节水管理都是以流域为单位的综合性集中管理。各流域机构负责水资源开发、水资源保护等，并广泛采用合同制，只要是合同规定授予的权力都受法律保护。

综合以上，国外在节水方面的主要做法有以下几项：

(1)制定合理的节水型水价。当今各国许多城市通过制定水价政策来促进节水。美国一项研究认为：通过计量和安装节水装置，家庭用水量可降低11%，如果水价增加一倍，家庭用水量可再降低25%。一些国家比较流行的如采用累进制水价和高峰水价等；也有一些国家和地区对居民生活用水收费实行基数用水优价甚至免费，超过基量则加价收费，从而增强居民的节水意识，如我国香港每户免费基数为每月12 m^3。美国和日本各类用水实行不同水价，水费中包括排污费，有利于废水处理回用，并实行分段递增收费制度，既保证低收入用水户能得到用水保障，又有利于节水。如日本家庭月用水量10 m^3、20 m^3、30 m^3的水价比分别为1:2.6:4.2。以色列水费按累进制费率计算，并规定居民用水分三种收费方式：基本配给费、附加用水量收费及超过基本配给和附加配给的用水收费，且各类用水户的用水定额随当年可用水量的补充程度而变化。法国通过提高排污费来促进企业控制水污染，把征收排污费与推动节水减污结合起来，并对采用节水减污措施的用户给予优惠待遇。

(2)调整产业结构。在缺水地区，发展耗水量小的工业和农业种植耗水小、效益大的经济作物，压缩耗水量大的工业及农作物的种植，从而使有限的水资源发挥最大的效益，这也是当今世界节水工作的一大趋势。美国、日本近年来工业用水量下降，也与其工业结构变化密切相关，如对一些耗水量大的化工、造纸行业进行压缩，甚至部分转移到国外，而耗水量小的电子信息行业迅速发展，使工业取水出现负增长。以色列面向国际市场，发展高效益的商品农业，将有限的水用于效益高的经济作物和出口蔬菜的灌溉，提高节水效益，促进农业节水的良性循环，在近乎沙漠的土地上，农业开发取得了令人瞩目的成就。

(3)开发节水新技术。国外工业节水主要通过三个途径：一是加强污水治理和污水回用；二是改进节水工艺和设备，提倡一水多用，提高水的利用效率；三是减少取水量和排污量。这三个方面相辅相承、相互推动。工业节水技术主要有提高间接冷却水循环、逆流洗涤和各种高效洗涤技术、物料换热技术。此外，各种节水型生产工艺、无水生产工艺如空气冷却系统、干法空气洗涤法、原材料的无水制备工艺等都在不断发展和完善。美国水循环使用次数由1985年的8.63次提高到1999年的17.08次，同时制造业需水量也逐年下降，由1975年的2 033亿 m^3 降至1999年的1 528亿 m^3，相应的排水量也大幅度下降，有效地控制了工业水污染;日本由于采取了节水措施,工业(不包括电力)取水量自1973年达到高峰之后逐步下降;英国工业用水在20世纪70年代达到高峰之后稳步下降,目前英国废水处理已达到了很高的比例,完全处理的占84%,初步处理的占6%,未处理的仅占10%;法国通过改进化工技术,使得工业耗水和污染物的排放逐年下降。发达国家农业节水一是采用计算机联网进行控制管理,精确灌水,达到时、空、量、质上恰到好处的满足作物不同生长期的需水;目前,最先进的精准灌溉在发达国家已经开始推广使用,如美国等国家正在利用GIS技术发展精确灌溉技术,利用先进的地球卫星定位系统GPS,将灌溉面积内所有与作物生长有关的数据精确定位并输入计算机,利用计算机数据处理能力把影响灌溉、施肥和农技操作的因素进行精确分析统计,最后给出作物在全生长期所有灌溉和农技操作的最佳时机及施用的数量。精准灌溉就是根据作物生理特点形成的既节水又增产的灌溉制度。二是培育新的节水品种,从育种的角度更高效地节水;三是通过工程措施节水,如采用管道输水和渠道衬砌提高输水效率;四是推广节水灌溉新技术,如地下灌、膜上灌、波涌灌、负压差灌、地面浸润灌和激光平地等;五是推广增墒保水技术和机械化旱地农业,如保护性与带状耕作技术等。美国和以色列的农业节水主要是通过推广节水灌溉、改进灌溉技术、实行科学管理来实现的。如用计算机监测风速、风向、湿度、气温、地温、土壤含水量、蒸发量、太阳辐射等参数,从而实时指导灌溉。在以色列,农场主在家里利用计算机就可以对灌溉过程进行控制(无线、有线)。美国多数地区还采用激光平地后的沟灌、涌流灌等节水措施,节水技术使美国灌溉用水在1980年达到峰值后持续下降,1980年为2 070亿m^3,1985年下降到1 890亿m^3,1999年为1 850亿m^3。日本的海水灌溉和废水灌溉处于世界领先地位,如用海水灌溉苜蓿等技术;目前,科学家们正在培养适应海水灌溉的糖、油、菜类等作物。法国在农业节水中的一大贡献是其旱作农业技术,巴博瑞(Barbaiy)公司研制开发的新型BP土壤保水剂,在作物根部的土壤中少量施用后,可使灌溉水在灌溉后20 d到一个月内缓慢释放,以被作物根系吸收利用,灌溉水或雨水基本上没有蒸发和深层渗漏损失,水的利用率大大提高,灌水量可减少一半左右,且作物耐旱时间长,是一种先进的抗旱保水剂。

(4)采用节水型家用设备已得到许多国家的重视。以色列、意大利及美国的加利福尼亚、密歇根和纽约等州分别制定了法律,要求在新建住宅、公寓和办公楼内安装的用水设施必须达到一定的节水标准,各国政府要求制造商只能生产低耗水的卫生洁具和水喷头等。美国、以色列、日本等国主要是引进节水型器具,如流量控制淋浴头、水龙头出流调节器、小水量两档冲洗水箱、节水型洗盘机和洗衣机等,采用这些简单的节水措施可使家庭用水量减少20%~30%。以色列采用带有蒸发冷却器的回流泵,这些冷却器可降低耗水量80%(由200 L/h降低至40 L/h)。日本节水龙头可节水1/2、真空式抽水便池可节水1/3、节水型洗衣机每次可节水1/4,此外日本还对节水效果好的节水器具给予奖励。国外也非常重视供水管道检漏工作。根据美国东部、拉丁美洲、欧洲和亚洲许多城市的统计,供水管泄漏的水量占供水量的25%~50%。菲律宾首都马尼拉,20世纪70年代供水系统的漏水高达50%。因此,各国均把降低供水管网系统的漏损水量作为供水企业的主要任务之一来对待。美国洛杉矶供水部门中有1/10的人员,专门从事管道检漏工作,使漏损率减少到6%;韩国已经建立了一整套减少泄漏的措施,包括预防措施、诊断措施和一些行政管理手段,2001 年泄漏水量就降至 12%。日本东京自来水局建立了一支 700 人的“水道特别作业队”,其主要任务就是及早发现漏水并及时修复。澳大利亚悉尼水务公司在与政府签订的营业执照中确定 2000 年漏水率降低到 15%。

(5)开发替代水源。一是污水治理回用。发达国家特别重视废污水治理、排放和回收利用,通过各种法规和严厉的处罚条例,迫使工业废污水排放单位改进污水处理技术,增加水的循环利用。在日本、美国等许多国家,还广泛利用“中水”,即在大宾馆、学校等单位,将冲洗浴等一般生活用水回收处理后用于非饮用水。二是海水利用。海水可以直接用作冷却水、电厂冲灰水、某些化工行业的直接用水、市政卫生冲洗用水等。世界上许多沿海国家,工业用水量的 40%~50%用海水代替淡水。日本、美国、意大利、法国、以色列等每年都大量直接利用海水。目前,有一百多个国家的近 200 家公司从事海水淡化生产,海水淡化设备主要装配在沙特阿拉伯、科威特等海湾产油国及日本、美国等国,其中中东地区所拥有的设备占全世界总淡化设备数量的 25. 9%。1980 年全世界共有海水淡化装置 2 205 台,淡化能力为 884 万 m^3/d;1987 年增加到 6 300 台和 1 504 万 m^3/d;到 1995 年底,全世界已有海水淡化设备 11 000 台(套),日淡化海水总量达 2 000 万 m^3。以色列主要通过提高水资源利用效率和非常规水的利用来满足国内需水要求,灌溉水利用系数高达 90%。同时,城镇污水回用、微咸水利用、海水淡化等有效措施使以色列非常规水利用达到 4.1 亿 m^3。三是雨水利用。近年来,世界银行、各国政府对雨养农业的投入开始增加。目前的雨水利用,多数国家已从解决缺水地区的人畜饮水,发展到系统规划、设计、开发、管理等方面的研究上,雨水利用已成为开发新水源的有效途径。在以色列南部的沙漠中,雨水是唯一的水源,虽然年降水量仅 100 mm,却发展了农业并建立了城市,成为沙漠文明的典范。雨水利用的另一新技术是人工增雨。1975 年,世界气象组织决定组织国际性合作的“人工增雨计划”,进入 20 世纪 80 年代,世界上人工增雨试验越来越多。近年来,人工影响天气研究又获得了重大进展,并酝酿着从局部影响到改变大气环流结构和按指定时间、地点可靠增雨等方面的技术突破。

(6)加强节水宣传。当今,各国都采取多种形式的保护水资源和节水的宣传教育活动。如在日本、韩国、澳大利亚、美国、加拿大等地着重通过学校、新闻媒体教育青少年,宣传节约用水的重要性。许多国家还确定了自己的“水日”或“节水日”,通过在这期间发放各种节水书籍、小册子、宣传品, 放映节水电影等增强公众节水意识。

通过以上分析可见,欧美发达国家水权、水市场发达,水权实现了真正的商品化,市场调节手段能力强;法律法规较为健全,公众参与范围广,管理体制和机制完善;节水新技术先进,监测计量水平高;水资源利用效率高,效益好。

1.2.2 国内研究现状

经过近些年来的探索,我国节水型社会建设在理论和实践方面都取得了一定进展。而在节水评价研究方面,对农业领域的研究较多,农业节水项目评价中又特别针对灌溉节水评价,运用于工业、民用领域的研究较少。工业、城市节水中,评价研究大部分侧重于节水型社会建设的评价,节水项目的评价则主要侧重于用水平衡或用水情况、节水潜力等方面。

1.2.2.1 城市节水评价研究

1.节水项目评价

国内学者宋弘东等从某行业出发,如火力发电领域,以水平衡测试为例,探究了细化政府节水考核指标的方法,为该行业的节水管理,特别是水平衡测试制定了相关规章、规范和标准。贾佳等学者在“水足迹”概念上对节水方面的评价做出了研究,他们提出和分析了工业水足迹的概念与内涵,确定了工业水足迹的系统边界,并在此基础上构建了工业水足迹的核算框架和基础方法体系,揭示工业活动对水资源与水环境的综合影响。闫月婷等针对我国火电行业尚未建立节水减排评价指标体系的现状,采用层次分析法(AHP)构建了火电行业节水减排评价体系,加强了节水评价中减排指标的重要性。赵晶等按耗水量指标划分八大高耗水工业,选择万元增加值取水量与单位产品取水量两类指标,评价我国高耗水工业的用水效率,揭示了高耗水工业用水存在的问题与成因,提出高耗水工业用水管理的政策建议,为高耗水工业的用水管理提供了分析和决策依据。

2.节水型社会建设评价

节水型社会建设评价研究通过节水型社会评价指标的筛选、评价体系的构建、评价方法的运用等方面的工作,建立综合评价模型,并通过评价实例验证了所提出的模型的有效性。赵海莉等通过构建由宏观协调发展评价和微观协调发展评价两大系统组成的节水型社会评价指标体系,利用层次分析法确定各项指标的权重,建立模糊综合评价模型,对张掖市节水型社会发展水平进行量化综合评价。张熠等构建了由水资源系统、生态环境系统及经济社会系统相互耦合形成的节水型社会评价系统,通过对各子系统及其影响因素进行分析,采用频度统计法和理论分析法相结合来初步设计节水型社会评价指标体系,并运用专家调研法对初选指标进行了筛选,最终构建了由水资源子系统、生态建设子系统和经济社会子系统构成的节水型社会建设评价指标体系。徐健等针对层次分析法计算指标权重一致性难以检验的问题,引入一种无须一致性检验的方法——序关系分析法,计算了德州市节水型社会评价指标权重,并与层次分析法的计算结果进行了对比分析。车娅丽等针对节水型社会建设评价指标体系因果关系不明确和指标分析方法复杂烦琐的缺点,结合节水型社会建设的特点,应用“压力-状态-响应”(PSR)模型对节水型社会建设的评价指标进行筛选和归纳,构建了基于 PSR 模型的节水型社会建设评价指标体系,同时运用主成分分析法(PCA),对所选指标进行综合评价分析,提出了一种新的节水型社会建设评价模型。陈静等根据水资源、社会经济、生态环境之间的结构关系,建立水质型缺水地区节水型社会评价指标体系,利用工业水资源价格模型与生活水价模型对上海地区节水型社会发展进行不同情景设置的预测分析。贺川等利用主成分分析法确定评价指标体系,运用层次分析法得出各指标权重,最后运用模糊综合评价法得出节水型社会评价指数。赵世雯等基于上海市节水型社会建设的相关统计数据,采用物元分析法建立指标体系,并运用因素贡献率计算权重,对上海市 2008~2012 年节水型社会建设效果进行评价。莫崇勋等依据“压力-状态-响应”(PSR)模型的理论,构建节水型社会评价指标体系框架,同时采用主成分分析法求得 2004~2012 年广西节水社会建设评价综合指数,并使用相关分析方法对未来节水型社会建设情况进行预测。

1.2.2.2 农村节水

农村节水中,农业灌溉是用水的主要途径,节水灌溉方面的评价或者从宏观角度对区域节水灌溉发展水平进行了综合评价,或者从微观角度对不同作物进行了不同节水灌溉方式的效益评价。

1.宏观方面

裴建民建立了灌区灌溉模式、种植结构及灌溉定额等节水体系,参考石羊河模式压减耕地面积节约水量以替代外流域工程调水的可行性,论述了全面节水与适度调水相结合的科学合理性。刘路广等考虑回归水重复利用的灌区用水效率及效益指标,利用地表水-地下水耦合模型、SWAP模型和线性模型对柳园口灌区的水量及作物产量进行了分布式模拟。在此基础上,对柳园口灌区不同用水模式及田间不同节水灌溉模式下的灌区用水效率及效益指标进行了计算,分析不同节水措施对灌区用水效率及效益指标的影响规律。楼豫红等建立了包括组织管理、工程管理、用水管理和经营管理4个层次16项指标的区域灌溉管理节水发展水平综合评价体系,在此基础上构建了四川省灌溉管理节水发展水平综合评价模型,利用熵权法和层次分析法计算各评价指标权重。楼豫红等采用主成分分析法构建了节水灌溉发展水平综合评价指标体系,采用熵权法确定客观权重,层次分析法确定主观权重,进而得到组合权重;采用集对分析计算联系度得到区域节水灌溉发展水平综合评价结果。郑和祥等在牧区节水灌溉工程后评价指标筛选和指标体系构建的基础上,引入基于信息熵的模糊物元评价模型,开展了牧区节水灌溉工程的后评价。姚志春等分析了甘肃省水土资源、灌溉发展现状和发展高效节水的环境效益。

2.微观方面

王成刚等整合分析岭东南浅山丘陵区大田作物不同节水灌溉方式的工程技术实施和运行过程中各影响因素,提出一套综合"经济-技术-社会"的相对完善的评价指标体系。以层次分析法理论为指导结合专家评分法确定指标权重,构建系统评价数学模型,对不同灌溉方式的综合效益进行客观的定量评价。张晓琳等选取评价指标,采用模糊综合评判法,对石羊河流域2种粮食作物、2种大田经济作物及3种温室经济作物进行了不同节水灌溉方式的效益评价。雷晓霞在试验区检测、农民问卷调查、专家评价等基础上,利用层次分析法构建了疏勒河流域主要作物节水灌溉技术适应性的综合评价指标体系,对主要作物的节水灌溉技术适宜性进行了评价。郭晋川等针对糖料蔗高效节水灌溉技术应用尚缺乏科学、有效、系统的生态效益评价方法的问题,采用层次分析法和德尔菲法,结合遥感调查和实地勘探等,建立了综合指标体系,定量评价了不同灌溉模式的生态效益及差异。

1.2.2.3 节水实践

在水利部统一部署和中央财政的大力支持下,水利部先后分四批确定了100个全国节水型社会试点,试点地区分布于全国31个省(自治区、直辖市)和新疆生产建设兵团,试点建设成效显著,取得了丰富的实践经验。主要成效:一是用水总量得到控制,用水效率显著提高;二是制度体系逐步完善,用水管理严格规范;三是用水结构渐趋合理,发展方式逐步转变。通过试点建设,探索出不同类型地区节水型社会建设的经验和模式。根据2017年中国水资源公报,全国万元GDP用水量73 m^3,万元工业增加值用水量45.6 m^3,农田灌溉水有效利用系数0.548,城镇管网漏损率15%,较"十二五"期末均有较大提高。我

国节水型社会建设在取得成绩的同时,也存在一些问题,主要表现在:

(1)相关法律、法规和标准不健全、不配套。我国全国性的节水管理法规尚未出台,全社会节水管理还缺少相应的法律依据,节水立法滞后;缺少严格的用水统计制度,节水制度刚性约束不够,现行制度执行难度大;用水监督管理不力,监管手段少等问题。这些都对节水型社会建设产生了无形的阻力。例如,张掖市在水权制度建设过程中暴露出水权转让和交易缺乏法律依据、水权改革缺乏有力的法律支撑、灌区水权改革缺乏具体指导政策及配套法规等问题。

(2)政策不到位,政府监管能力弱。政策效力较差也是当前节水型社会建设面临的突出问题。当前试点城市虽然制定了一些相应的政策,但节水的目标责任和考核制度还不很健全,节水职责不明确,节水措施落实不到位,监管能力还较差,还不能在节水产业的发展、节水新技术的推广及节水管理水平的提高等方面发挥较好的引导与激励作用。

(3)缺乏科学、合理的建设绩效考核体系。如何科学、合理地对节水型社会建设的绩效进行评价是当前节水型社会建设迫切需要回答的问题,也是节水型社会建设有效实施的基本保证。目前,试点城市节水型社会建设规划主要依照水利部印发的《关于开展节水型社会建设试点工作指导意见的通知》中采用的综合、第一产业、第二产业和第三产业四类评价指标体系。评价的基准主要参照国际和国内的先进水平确定。从评价内容来看,存在的主要问题:一是过分关注水循环末端的用水效率状况,尚不能从水循环的角度对水分利用效率进行全面、科学定量评估。二是一些指标的选取缺乏合理性,如城镇人均日生活用水量的高低还受到收入水平的影响,不是一个纯粹的效率指标;工业产品用水定额与重复水利用率、农业灌溉用水定额与灌溉水利用系数等之间存在一定的重复。三是指标涵盖的内容尚不全面,如在水环境污染防治与水生态保护方面,该体系没有涉及农业面源污染、工业废水处理等方面,对于核心的制度建设评价也相对薄弱。总之,这些指标与节水型社会建设的目标有一定差距,评价的系统性和针对性较差。

(4)宣传、教育和社会参与力度有待于进一步加强和深化。当前,试点城市都将水资源保护与节约方面的宣传、教育及社会公众的参与式管理作为节水型社会建设的重要内容,但总体上节水型社会建设宣传的广度和深度有待于进一步加强,主要面临的问题包括:一是节水型社会建设中出现了重视宣传、教育,忽视公众参与和监督能力的培育,没有为节水型社会建设赢得良好的社会民主参与、民主协商和民主决策的氛围。二是没有认真履行《中华人民共和国水法》等法律法规赋予的职责,即“对节约水资源等方面成绩显著的单位和个人,由人民政府给予奖励,并增强执法力度”。

(5)节水内生动力不足。水资源总量控制和定额管理制度亟待完善,尚未形成完善的财税引导和激励政策,水价形成机制尚不能全面客观地反映水资源的稀缺性和供水成本,难以激发用水户的自主节水投入和技术创新。

(6)从建设效果上看,主要问题表现为:公众的水资源忧患意识和节水意识增长缓慢,对节水型社会建设的长期性和艰巨性认识不足。公众的消费行为尚未发生明显变化,节约用水、少排污废水和保护水资源等行为在公众中的比例仍较少,人们尚未将节水与水资源保护上升为一种道德和素质、一种文明的生活习惯和生活方式。这些特征在水资源相对丰富地区更为明显,制约了节水型社会建设向更高层次开展。

1.2.2.4 我国节水型社会建设的未来发展方向

全国《水利改革发展"十三五"规划》提出要全面推进节水型社会建设,以落实最严格水资源管理制度、实行水资源消耗总量和强度双控行动、加强重点领域节水、完善节水激励机制为重点,加快推进节水型社会建设,强化水资源对经济社会发展的刚性约束,构建节水型生产方式和消费模式,基本形成节水型社会制度框架,进一步提高水资源利用效率和效益。

1.落实最严格的水资源管理制度

强化节水约束性指标管理。严格落实水资源开发利用总量、用水效率和水功能区限制纳污总量"三条红线",实施水资源消耗总量和强度双控行动,健全取水计量、水质监测和供用耗排监控体系。加快制定重要江河流域水量分配方案,细化落实覆盖流域和省市县三级行政区域的取用水总量控制指标,严格控制流域和区域取用水总量。实施引调水工程要先评估节水潜力,落实各项节水措施。健全节水技术标准体系。将水资源开发、利用、节约和保护的主要指标纳入地方经济社会发展综合评价体系,县级以上地方人民政府对本行政区域水资源管理和保护工作负总责。加强最严格水资源管理制度考核工作,把节水作为约束性指标纳入政绩考核,在严重缺水的地区率先推行。

强化水资源承载能力刚性约束。加强相关规划和项目建设布局水资源论证工作,国民经济和社会发展规划及城市总体规划的编制、重大建设项目的布局,应当与当地水资源条件和防洪要求相适应。严格执行建设项目水资源论证和取水许可制度,对取用水总量已达到或超过控制指标的地区,暂停审批新增取水。强化用水定额管理,完善重点行业、区域用水定额标准。严格水功能区监督管理,从严核定水域纳污容量,严格控制入河湖排污总量,对排污量超出水功能区限排总量的地区,限制审批新增取水和入河湖排污口。强化水资源统一调度。

强化水资源安全风险监测预警。健全水资源安全风险评估机制,围绕经济安全、资源安全、生态安全,从水旱灾害、水供求态势、河湖生态需水、地下水开采、水功能区水质状况等方面,科学评估全国及区域水资源安全风险,加强水资源风险防控。以省、市、县三级行政区为单元,开展水资源承载能力评价,建立水资源安全风险识别和预警机制。抓紧建成国家水资源管理系统,健全水资源监控体系,完善水资源监测、用水计量与统计等管理制度和相关技术标准体系,加强省界等重要控制断面、水功能区和地下水的水质水量监测能力建设。

2.大力推进重点领域节水

加大农业节水力度。继续把农业节水作为主攻方向,调整农业生产和用水结构,加强灌区骨干渠系节水改造、田间工程配套、低洼易涝区治理和农业用水管理,实现输水、用水全过程节水,提高农业灌溉用水效率,逐步降低农业用水比重,优化用水结构。积极推广使用喷灌、微灌、低压管道输水灌溉等高效节水技术,推进区域规模化高效节水灌溉发展。积极推行灌溉用水总量控制、定额管理,配套农业用水计量设施,加强灌区监测与管理信息系统建设,提高精准灌溉水平。推广农机、农艺和生物技术节水措施。

深入开展工业节水。积极推进重点用水行业水效领跑者引领行动。加快火电、石化、钢铁、纺织、造纸、化工、食品发酵等高耗水工业行业节水技术改造。大力推广工业水循环利用、高效冷却、热力系统节水、洗涤节水等通用节水工艺和技术,依法依规淘汰落后用水工艺和技术,加强非常规水资源利用,提高工业用水效率。强化重点用水单位监督巡查,开展节水型企业创建工作,鼓励产业园区统一供水、废水集中处理和循环利用,规模以上工业企业重复用水率达到91%以上。

加强城镇节水。加快城乡供水管网建设和改造,降低公共供水管网漏损率。全面推广使用生活节水器具,加快换装公共建筑中不符合节水标准的用水器具,引导居民淘汰现有不符合节水标准的生活用水器具,城市节水器具普及率达到90%以上。基本实现城市供水"一户一表"改造全覆盖。推进服务业节水改造,对非人体接触用水强制实行循环利用。深入开展节水型单位和居民小区建设活动,推进机关、学校、医院、宾馆、家庭等节水。

3.建立健全节水激励机制

完善节水支持政策。合理制定水价,充分运用价格机制促进节约用水。健全水资源有偿使用制度,推进水资源税改革试点。修订《节能节水专用设备企业所得税优惠目录》,落实节水税收优惠政策。积极发挥银行、保险等金融机构作用,优先支持节水工程建设、节水技术改造、非常规水源利用等项目。推行合同节水管理,建立市场融资、利益分享的运行机制,扶持培育一批专业化节水服务企业,开展合同节水管理示范试点。进一步优化农机具购置补贴目录,扩大节水灌溉设备购置补贴范围,带动农业节水产业发展。

培育发展节水产业。规范节水产品市场,提高节水产品质量。加强节水技术创新,建立以企业为主体的节水技术创新体系,鼓励节水技术研发和装备产业化发展,推广应用节水科技成果,支持节水产品设备制造企业做大做强。建立完善节水市场准入标准和强制性认证管理制度,鼓励产品生产者或者销售者使用节水产品认证标志。

强化节水监督管理。强化节水产品认证,严格市场准入。制订国家鼓励和淘汰的用水技术、工艺、产品和设备目录。健全各行业用水定额标准体系,强化先进用水定额管理。严格建设项目节水设施与主体工程同时设计、同时施工、同时投产使用。建立重点监控用水单位名录,严厉查处违法取用水行为。

4.培养公民节水洁水意识

积极开展节水宣传教育。充分利用各种平台和媒体,加强国情水情教育,开展节水公益性活动,大力宣传节水和洁水观念,树立节约用水就是保护生态、保护水资源,就是保护家园的意识,强化公民节水义务和责任,普及节水知识和技能。建设国家水情教育基地。支持依托大中型水利水电工程建设教育展馆,为公众提供水情教育实践平台。

扩大社会参与。鼓励和引导公众增强节约水、爱护水的意识,营造全社会亲水、惜水、节水的良好氛围,推动形成全社会用水自觉、绿色消费。广泛发挥社会组织和志愿者参与节水的积极作用,强化节水的社会监督。

褚俊英、王浩等在总结我国节水社会建设的主要经验、问题与发展方向时指出:未来一段时期是我国节水型社会建设的关键时期。我国的节水型社会建设应进一步深化现有试点建设工作,突出特色、不断创新;以省区、跨地区为单元开展更大范围和更深程度的实践探索;及时总结经验,形成一套相对完整且具有中国特色的节水型社会建设的科学理论和技术方法体系及识别节水型社会建设的关键环节,开展更为全面、系统而深入的研究。这些关键环节主要包括规划编制、农业节水与水资源管理、融资机制、水资源管理方式、制度建设、绩效评价及技术支撑体系等方面。

1)增强规划编制方法的规范化与科学定量化

节水型社会建设规划编制方法的规范化与科学定量化是节水型社会建立的基础,也是落实各项措施的基本前提。一是增强对区域现状水资源管理的总结,提高认识水平。二是增强规划中的科学、定量化成分,减少主观性色彩。三是广泛学习吸收国内外水资源管理和节水的先进经验,考虑区域当地资源、社会经济和技术进步等实际情况,确定自身节水型社会建设的重点方向和重点内容。四是统筹规划,根据区域水资源承载能力、水环境承载能力和水资源开发利用现状、现状用水水平及未来国民经济各部门发展需水要求,在水资源综合规划、节水规划、水资源保护规划等相关规划的基础上,制定适应水资源承载能力和保持经济社会可持续发展的节水型社会建设规划。规划应立足当前,展望未来。首先必须明确节水型社会建设规划的指导思想和基本原则,根据区域水资源条件、各业用水水平和经济发展规划,分析当地水资源承载能力、节水潜力,制定节水型社会建设目标。规划应针对农业、工业、服务业、生活用水特点,分别制定其节水目标、控制指标及节水方案。规划要综合考虑,全面推进;要硬件(工程)建设与软件(制度)建设相结合;开源、节流、治污相结合;政府宏观调控与市场调节相结合。在规划基础上,制订具体实施方案。明确各行业的节水目标,制订具体实施方案,以利于有条不紊地分步实施。

2)农业节水仍然是节水型社会建设的主战场

农业是节水型社会建设的重点领域。一是农业仍是我国第一用水大户,农业用水量约占全国总用水量的60%;二是农业用水的效率低下,是节水潜力所在;三是我国14亿人口约有8亿人口居住在农村,农民是我国最大的用水群体,没有广大农民的积极参与,节水型社会建设将失去群众基础。农业节水建设的重点与难点主要体现在:一是要把农民节水行为和增产增收结合起来,调动农民积极参与节水型社会建设的积极性。二是在农民增产增收的前提下,通过完善灌溉基础设施、调整种植结构和推广新技术实现农业水资源高效利用。三是合理解决农业用水转移与高效利用过程中的公平与环境影响问题。农业水资源在转向城市和工业,并承担工业化、城市化进程所带来的污染时,应得到应有的补偿;农业用水效率的改善与渗漏损失的减少,可能将对干旱缺水地区的生态环境产生不良的影响。四是加大计量设施建设,发挥农业水价的经济杠杆作用。要突破农业用水计量设施的技术问题,实行用水准确计量到户。五是深入研究农业用水转移的公平性、农业节水与高效利用的环境效应及农业节水效益等问题,实现农业水资源高效利用与社会经济持续发展的结合。

3)建立稳定、可靠、高效的节水型社会建设融资机制

节水型社会建设需要稳定、可靠、高效的资金来源作为保证。其自身孕育着无穷的商机,为资金的市场运作提供了条件。应逐步建立国家、地方、用水户参与的多元化、多渠道的投融资体系。政府在其中发挥关键作用,主要责任为:及时出台有效的政策,以引导节水型社会建设市场的形成;对节水型社会建设所涉及的资金运作进行监管与控制,以保证节水型社会建设投融资体系的良性运行,维护相应项目的财务公正性和透明性;合理运用政策性资金调控节水型社会建设市场,以带动民间资本和私人资本的介入。

4)建立规范、完整的绩效评估体系

节水型社会绩效考核体系的建立对我国节水型社会建设理论体系的完善,推动我国

节水型社会建设走向规范化、系统化具有十分重要的意义。节水型社会绩效评估体系应该具有同一性、系统性、规范性和完整性。一是结合国外水资源与水开发利用管理的先进方法(如标杆竞争法等),考虑到水资源的数量和质量,体现技术、经济、生态、社会和环境等效率的多个层次,选取合适的定量或定性指标,对节水型社会建设的效果和效益进行动态、客观和公正的度量。二是将节水型社会指标体系与干部政绩考核指标相结合,激励各级政府积极组织领导节水型社会建设工作,降低生产成本,改善和保护当地的生态环境,增加经济、社会净福利。三是在适宜的层面发展最佳管理实践。当前,在水资源利用、分配及污染防护过程中,国外还通常采用最佳管理实践作为指导,即对备选的管理实践等进行评估、检查后由政府部门或其他责任实体确定的最有效和最切实可行(主要基于技术、制度和经济等方面的考虑)的一种管理实践,以树立榜样,指导实践,如何对这些实践进行有效性和可行性的评估,以选取最优方案,是需要进一步研究的重要内容。

5)建立水资源统一管理与用户参与式管理相结合的水资源管理体系

推进节水型社会建设要加强水资源管理,以实现集中决策与民主决策的统一实行水资源的统一管理。这主要来自以下原因:一是水资源的短缺性、流动性,地表水和地下水相互转化,决定了政府必须建立包括城乡地表、地下水资源及非常规水资源在内的多水源统一分配、管理和调度机制,以降低管理的成本,提高管理的效率。二是水资源量的有限性、使用的广泛性和功能的不可替代性及水量与水质的统一性,决定了必须在水务一体化管理的基础上,建立与水权明晰相适应的水资源层次化分级管理体制。

6)加强法律、法规和标准体系的制定和实施

为保证水市场建立的公正性和规范性,节水型社会建设需要进一步加强法律、法规和标准的制定和实施。一是在社会大环境方面,需要完善节水型社会战略相关的配套法律、法规和标准体系,如尽快制定全国节约用水管理条例、节约用水和水资源综合利用促进法、各项节水器具、设备的技术标准、各行各业的用水定额、节水产品认证制度和产品的市场准入制度等,使节水型社会建设工作尽快纳入法制化的轨道。在标准的制定方面,应做到技术上先进、经济上合理以及社会上可接受,并不断加以完善和改进。二是在试点城市环境方面,需要完善与当地节水型社会建设相适应的法律、法规体系,同时建立高效执法队伍,增强执法力度和监管能力。

1.3 节水型社会建设的相关概念

1.3.1 节水的内涵

节水,顾名思义就是节约水,节省水。当然,这只是一个非常模糊的概念,至于节水的清晰概念和准确定义却是仁者见仁,智者见智。根据其定义者及其侧重点不同,有关节水的定义如下:

(1)提高用水效率,减少水的无效损耗。但这仍然是一个比较抽象的概念和定义,在一些微观和具体的问题上,特别是在农业节水方面,不少观点和见解仍需要研究探讨、统一认识。

(2)节水并不局限于用水的节约,它包括水资源(地面水和地下水)的保护、控制和开发,并保证其可获得的最大水量进行合理经济利用,也有精心管理和文明使用自然资源之意。

(3)“Saving Water”和“Water Conservation”在英文文献中都可以表示节水的概念,前者是指比较具体的节约用水行为,后者则包含了减少需水量和管网漏损量、提高用水效率及水权、水价、水市场、立法等内容,意义更加广泛,在学术和科研中得到更大的认可。节水的意义主要表现在与减少用水量相关的经济、环境和生态效益方面,具体包括以下六个方面:一是减少当前和未来的需水量,使水资源可持续利用。二是节约当前供水系统的运行和维护费用,降低水厂建设、维护的资金投资。三是通过节水有效控制污水排放量,降低城市排水管网系统和污水处理厂运行、建设、扩建的资金费用,并减轻对受纳水体的污染,是提高水体环境质量的有效途径。四是节水可以增强对干旱的预防能力。五是通过用水量控制、用水规划等措施,可以调节地区间的用水差异,有效防止用水矛盾等相关社会问题的发生。六是节水可以有效减少原水的开采,避免地下水过度开采所带来的生态破坏和地下水污染等问题。因此,节水可以促进水生生态环境的保护和河流内使用,保护湿地和生物多样性,促进生态和谐。

(4)我国《节水型城市目标导则》对节水做如下定义:“节约用水指通过行政、技术、经济等管理手段加强用水管理,调整用水结构,改进用水工艺,实行计划用水,杜绝用水浪费,运用先进的科学技术建立科学的用水体系,有效地使用水资源,保护水资源,适应城市经济和城市建设持续发展的需要”。这里,节约用水的含义已经超越了节省用水量的意义,它内容更广泛,还包括有关水资源立法、水价、管理体制等一系列行政管理措施。

(5)节约用水是在合理的生产力布局与生产组织的前提下,为实现一定的社会经济目标,通过采取多种措施,对有限的水资源进行合理分配与优化利用(其中也包括节约用水);提高用水效率,减少水的无效损耗。这里,节约用水包括产业结构调整、提高用水效率和效益等内容。

由以上几个定义可以总结出一个比较完整的节约用水定义,即在合理的生产力布局与生产组织的前提下,为实现一定的社会经济目标,通过技术、经济、管理等手段,调整用水结构,改进用水工艺,实行计划用水,杜绝用水浪费,加强用水管理,建立科学的用水体系,对有限的水资源进行合理分配与优化利用,从而达到保护水资源,减少水的无效损耗,提高用水效率和效益,达到水资源可持续利用的目的。

节水按行业分主要包括农业节水、工业节水、生活节水和服务业节水。

1.3.2 节水型社会的内涵

节水型社会是一种社会形态,是指水资源集约高效利用、社会经济快速发展、人与自然和谐相处的社会。节水型社会建设应构建四大支撑体系,即与水资源优化配置相适应的节水防污工程与技术体系,与水资源与水环境承载力相协调的经济结构体系,以水权管理为核心的水资源与水环境管理体系,以及与水资源价值相匹配的社会意识和文化体系。其本质在于建立以水权、水市场理论为基础的水资源管理体制,充分发挥市场在水资源配置中的导向作用,形成以经济手段为主的节水机制,建立自律式发展模式,不断提高水资源的利用效率和效益。

节水型社会简单的讲是指全面实行节约用水和高效用水的社会。1983 年全国第一次城市节约用水会议成为我国强化节水管理的重要标志,国家“七五”计划把有效保护和节约使用水资源作为长期坚持的基本国策,并在 1988 年颁布的《中华人民共和国水法》中以法律形式固定化。1990 年的全国第二次城市节约用水会议提出“创建节水型城市”的要求。1997 年国务院审议通过《水利产业政策》,规定各行业、各地区应大力普及节水技术,全面节约各类用水。2000 年的国家“十五”计划中首次以中央文件的形式提出“建立节水型社会”。2002 年 8 月修订的新《中华人民共和国水法》规定,要发展节水型工业、农业和服务业,建立节水型社会。至此,节水型社会建设正式以法律的形式被加以固定。

“节水型社会”的概念最早是由我国学者李佩成在 1982 年提出的。他认为,节水型社会是社会成员改变了不珍惜水的传统观念,改变了浪费水的传统方法,改变了污染水的不良习惯,深刻认识到水的重要性和珍贵性,认识到水资源并非取之不尽用之不竭的,认识到为了获取有用的水需要花费大量的劳动、资金、能源和物质投入;并从工程技术上变革目前的供水、排水技术设施,使其成为以循环用水、节约用水、分类用水的节水系统,实行有采有补,严格有序的管理措施,并将节水知识和节水道德传教于后世,从而把现在浪费水的社会,改造成为“节水型社会”。

还有专家认为节水型社会是指人们在生产、生活过程中,在水资源开发利用的各个环节,始终贯穿对水资源的节约和保护意识,以完备的管理体制、运行机制和法律体系为保障,在政府、用水单位和公众的共同参与下,通过法律、行政、经济、技术和工程等措施,并结合社会经济结构调整,实现全社会用水在生产和消费上的高效合理,保持区域经济社会的可持续发展。Falkenmark M 和 Rockstrom J 指出,节水型社会是在明晰水权的前提下,通过调整水价、发展水市场等手段建立以水权为中心的管理体系、量水而行的经济体系,最终实现水资源集约高效利用、社会经济又好又快发展、人与自然和谐相处的一种社会形态。2007 年汪恕诚则对节水型社会的本质进行了论述。他指出,节水型社会的本质特征是建立以水权、水市场理论为基础的水资源管理体制,形成以经济手段为主的节水机制,不断提高水资源的利用效率和效益,促进经济、资源、环境的协调发展。

陈益龙从法律、制度、市场和社会的机制方面探讨了节水型社会建设,从核心制度建设方面提出了一些对策。蔺泉从县域视角就天祝县石羊河流域的现状分析入手,提出了一些有针对性的举措。陈祖军、周建国等则从上海市节水型社会建设的方向和举措上进行了探讨,提出了一些有针对性的举措。颜世栋等在省辖市层面对节水型社会建设进行了对策研究,立足当地情况,提出了一些有针对性的举措。高功强等针对宝鸡市水资源基本条件和开发利用存在的主要问题,构建了宝鸡市节水型社会建设的基本模式,提出了以制度建设为中心,以行业节水为载体,以信息化、节水专家大院及节水文化建设为支撑,指导并推动工业、农业、生活及生态四大载体节水工程的措施。

上述所及,尽管已有研究对节水型社会概念的表述不尽相同,但实质上并无太大差异,大都强调在水权的基础上构建水资源承载力相适应的经济结构体系,形成以经济调控、法体调节、社会建设等手段为主的节约用水机制,以提高水资源的利用效率和效益。

“节水型社会”在内涵上应包括相互联系的四个方面:一是在水资源的开发利用方式上,“节水型社会”是把水资源的粗放式开发利用转变为集约型、效益型开发利用,是一种资源消耗低、利用效率高的社会运行状态；二是在管理体制和运行机制上，涵盖明晰水权、统一管理，建立政府宏观调控、流域民主协商、准市场运作和用水户参与管理的运行模式；三是从社会产业结构转型上看，“节水型社会”涉及节水型农业、节水型工业、节水型城市、节水型服务业等具体内容，是由一系列相关产业组成的社会产业体系；四是从社会组织单位看，“节水型社会”涵盖节水型家庭、节水型社区、节水型企业、节水型灌区、节水型城市等组织单位，是由社会基本单位组成的社会网络体系。

节水型社会是资源节约型和环境友好型社会的重要内容，是一个不断发展的社会，其内涵也在不断发展。节水型社会建设是一个渐进的过程，按其建设程度可分为初级阶段、成长提高阶段、成熟阶段。初级阶段是建设启动和实施阶段，为节水型社会的雏形，有初步的制度体系和运行管理体系；成长提高阶段有完善的制度和运行机制，有稳定的节水型社会整体框架；成熟阶段的特征是技术先进、制度完备、配置优化、水权明晰、市场发达、管理高效、节水型社会健康有序发展。

目前阶段其内涵是：有水资源统一管理和协调顺畅的节水管理体制，政府主导、市场调节、公众全面参与的机制和健全的节水法规与监管体系；是“节水体系完整、制度完善、设施完备、节水自律、监管有效、水资源高效利用，产业结构与水资源条件基本适应，经济社会发展与水资源相协调的社会”。所以，目前我国还处在初级阶段和成长提高阶段。

通过本节定义可见，节水型社会是一个动态发展和分层次的概念。建设的目的是提高用水效率和效益，支撑经济社会可持续发展。其目标是通过节水型社会建设使水资源达到“城乡一体，水权明晰，以水定产，配置优化，水价合理，用水高效，中水回用，技术先进，制度完备，宣传普及。”其评价标准是节水成效明显，节水重点突出，措施体系完整、管理制度完善，运行机制完备、节水自律、监管有效、产业结构与水资源条件基本适应。

1.4　研究的目标、内容及创新点

1.4.1　研究目标

基于建立以水权、水市场为基础的水资源管理体制，形成以经济手段为主的节水机制，建立起自律式发展的节水模式，不断提高水资源的利用效率和效益，为全面、科学制定与社会经济发展水平相适应的节水政策和评价体系提供技术支撑。拟达到以下几个目标：

(1)进行“十二五”节水试点工作后评价。

(2)建立分区节水模式。

(3)构建分区节水评价指标体系、提出评价标准。

1.4.2　研究内容

主要的研究内容如下：

(1)“十二五”节水型社会建设后评价。

按照后评价要求，对“十二五”期间 4 个国家节水试点项目和 6 个省级试点项目进行后评价，为全面开展节水型社会建设工作奠定基础。

(2)节水型社会建设分区研究。

根据湖南省社会经济结构、自然地理特征和水资源分布特性，聚类分析建立分区指标体系并进行节水区划。

(3)分区节水模式研究。

根据社会经济发展需要和水资源管理红线要求，确定各分区节水模式。

(4)分区评价指标体系和评价标准的建立。

按层次分析要求，建立各分区节水型社会建设指标体系和评价标准，体现节水型社会建设的差异性。

1.4.3 创新点

(1)构建具有区域特色的节水分区模式。

(2)建立分区节水建设的指标体系和评价标准。

(3)提出有针对性、操作性的节水政策和措施建议。

1.5 技术路线

技术路线如图1-1所示。

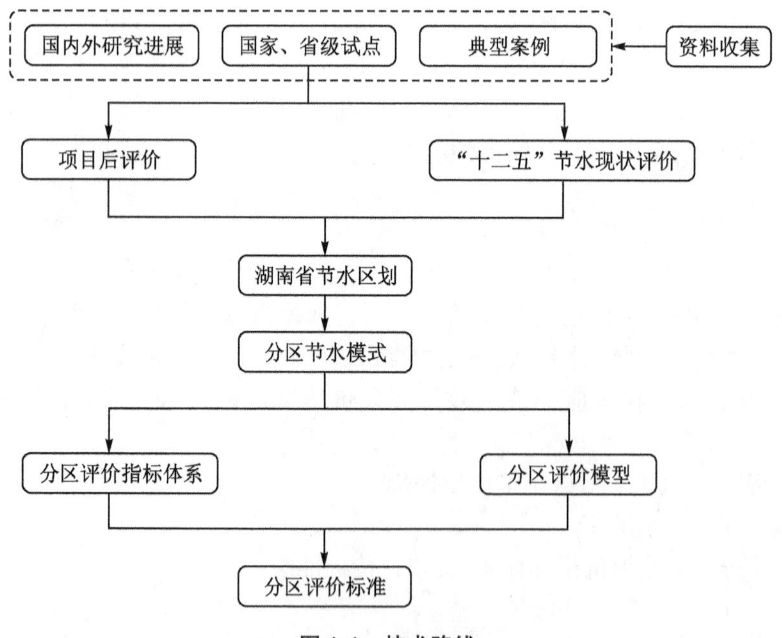

图1-1 技术路线

1.6 小 结

本章介绍了项目研究的国内背景和省内背景,系统梳理了国内外研究现状、节水实践取得的成功经验、存在的问题。

归纳了节约用水的定义:在合理的生产力布局与生产组织的前提下,为实现一定的社会经济目标,通过技术、经济、管理等手段,调整用水结构,改进用水工艺,实行计划用水,杜绝用水浪费,加强用水管理,建立科学的用水体系,对有限的水资源进行合理分配与优化利用,从而达到保护水资源、减少水的无效损耗、提高用水效率和效益、水资源可持续利用的目的。

提出节水型社会建设是一个渐进的过程,按其建设程度可分为初级阶段、成长提高阶段、成熟阶段。节水型社会是一个动态发展和分层次的概念。建设的目的是提高用水效率和效益,支撑经济社会可持续发展。其目标是通过节水型社会建设使水资源达到"城乡一体,水权明晰,以水定产,配置优化,水价合理,用水高效,中水回用,技术先进,制度完备,宣传普及。"其评价标准是节水成效明显,节水重点突出,措施体系完整、管理制度完善,运行机制完备、节水自律、监管有效、产业结构与水资源条件基本适应。

本书通过"十二五"节水试点工作后评价,拟建立适合湖南省的节水评价指标体系,分别针对工业、农业建立对应的分区节水模式。希望通过本书的研究,能够不断提高水资源的利用效率和效益,促进节水自律式发展,提高人们的节水意识,为湖南省制定与社会经济发展水平相适应的节水政策和评价体系提供技术支撑。

第2章 “十二五”节水成效与存在的问题

2.1 湖南省概况

2.1.1 自然条件概况

2.1.1.1 自然地理

湖南省位于长江中游南岸,地处东经108°47′~114°15′,北纬24°39′~30°08′,东临江西,南接两广,西连重庆、贵州,北界湖北。省境内东西宽667 km,南北长774 km,土地总面积21.18万 km^2,占全国总土地面积的2.2%。

全省总的地貌轮廓是:三面环山,中部丘岗起伏,东北部为湖泊平原,呈朝北开口的马蹄形盆地。全省总面积中,山地占51.22%,丘陵占15.4%,岗地占13.87%,平原占13.12%,水面占6.39%,形成以山丘为主的地貌组合特点。

全省地形概貌是:东有幕阜山脉、连云山脉、九岭山脉、武功山脉和万洋山脉大致呈北东—南西走向,形成湘江与赣江两水系的分水岭,山峰海拔大都超过1 000 m;南面是南岭山脉,大致为东西走向,是长江水系和珠江水系的分水岭,山峰海拔也大都在1 000 m以上;中南部有雪峰山脉纵贯其中,形成资水、沅水水系的分水岭;西北为武陵山脉,呈北东—南西走向,形成沅水、澧水两水系的分水岭,海拔由北段的500~1 000 m向南逐步抬升到1 500 m。北部为洞庭湖平原,地势低平,湖泊展布,海拔多在50 m以下。中部多为丘陵山岗,有衡山山脉屹立其中。总地势南高北低,从西南到东北逐步由山岗过渡到丘陵到四水尾闾和洞庭湖冲积湖积平原。

湖南省河流众多,省内溪河纵横,水系发育。全省河长大于5 km的河流有5 341条,其中属洞庭湖水系的有5 148条,属其他水系的共193条。流域面积在10 000 km^2以上的河流有9条,包括湘、资、沅、澧四水及湘江支流潇水、耒水、洣水和沅水支流㵲水、酉水;流域面积在5 000 km^2以上10 000 km^2以下的河流有8条,其中湘江流域4条,沅江流域2条,澧水流域1条,南洞庭湖区1条。湖南省内河流水系除少数流入邻省的珠江、赣江和直接流入长江干流者外,均属洞庭湖水系。

洞庭湖水系中,从流域面积和总水量上来讲,以湘水最大,沅水次之,资水位居第三,澧水最小。

湘江发源于广西海洋山,经兴安、全州,在东安进入湖南境内,流经永州、祁阳、衡阳、株洲、湘潭、长沙、望城等市县,于濠河口入洞庭湖。该水系流域总面积9.46万 km^2,其中湖南省境内8.54万 km^2,主要支流有耒水、潇水、洣水、舂陵水、涟水、涓水、渌水、蒸水、祁水、浏阳河、捞刀河等。资水南源夫夷水发源于广西资源县,流经广西资源,湖南新宁、邵阳县,西源赧水为主流,发源于城步、流经武冈、隆回、至双江口与夫夷水汇合后称资水,经邵阳、新邵、冷水江、新化、安化、桃江、益阳等市(县),于甘溪港入洞庭湖。该流域面积2.81万 km^2,

其中湖南境内2.67万km^2,主要支流有邵水、蓼水、平溪江、大洋江、夫夷水等。沅水发源于贵州省东南部,至銮山入湖南芷江县,东流至黔城与㵲水汇合后称沅水,经会同、洪江、怀化、溆浦、辰溪、泸溪、桃源、常德等地,于德山入洞庭湖。该流域总面积8.92万km^2,其中湖南省境内5.19万km^2,主要支流有㵲水、辰水、武水、酉水、渠水、巫水、溆水等。澧水发源于桑植县与湖北鹤峰交界处,分北、中、南三源,流经永顺、张家界、慈利、石门、经临澧、澧县后于小渡口入洞庭湖,流域面积1.85万km^2,湖南省境内1.55万km^2,主要支流有溇水、渫水、道水、涔水等。

洞庭湖水系除湘、资、沅、澧四水水系外,另有直接注入洞庭湖的新墙河、汨罗江等河流,流域面积分别为2 359 km^2和5 495 km^2。

除洞庭湖水系外,发源于湖南省流入外省的主要有珠江水系和鄱阳湖水系的部分面积;包括珠江流域北江水系的武水支流3 686 km^2、柳江水系667 km^2和西江水系贺桂江765 km^2;流入鄱阳湖水系赣江的河流都很小,流域面积大于100 km^2的仅3条,赣江水系诸河在湖南省的流域总面积为688 km^2。

另外,长江干流流经湖南省境内总长度有163 km,现状有淞滋、太平、藕池三口通洞庭湖(调弦口1958年堵闭建闸),于岳阳城陵矶流出洞庭湖,流经江南陆城垸以后出湖南。

2.1.1.2 气象水文

湖南省地处亚热带季风湿润气候区,受季风环流和地形地貌条件的综合影响,气候特征是四季分明,热量充足,雨量丰沛,春温多变、夏秋多旱,冬冷夏热,严寒期短,暑热期长。同时,具有年内年际变化较大、气候类型多样等特征。

大气环流是影响湖南省气候的主要因素,冬季盛吹偏北风,夏季盛吹偏南风。全省多年平均气温16 ~18 ℃。1月最低,平均为5.2 ℃;7月最高,平均为28.3 ℃。总的趋势是湘南高于湘北,湘东高于湘西,平原高于山区。极端最高气温一般出现在7~8月,最低气温一般出现在1~2月,全省范围内极端最高、最低气温分别为43.8 ℃(益阳,1961年7月4日)和-18.1 ℃(临湘,1969年1月31日)。气温高于10 ℃的持续日数240~260 d,其积温为5 100~5 600 ℃,高于15 ℃的持续日数160~200 d,其积温为2 800~4 600 ℃。全省多年平均相对湿度80%,多年平均日照时数为1 537 h,全年无霜期270~300 d,年总辐射量100~110 kcal/cm^2,多年平均水面蒸发量为736.5 mm,一般为600~900 mm,总的趋势是以雪峰山为界,东部大于西部。

全省多年平均年降水量为1 450 mm,山地多雨区一般在1 600 mm以上,少雨的丘陵、平原区降水量为1 200~1 400 mm,大部分丘陵区一般为1 400~1 600 mm。全省降水量分布总的趋势是山区大于丘陵,丘陵大于平原,西、南、东三面山地降水量多,中部丘陵和北部洞庭湖平原少。降水量年内分配不均匀,3月下旬降水量逐渐增加,多年平均降水量汛期4~9月占全年的68.1%,其中4~8月占全年的62.3%。多年平均最大月降水一般出现在5月或6月。一般多年平均最大月降水量占全年降水量的13%~20%,降水量特别不均匀的典型年份可达40%以上。多年平均最小月降水一般出现在12月。一般多年平均最小月降水量仅占全年降水量的1.6%~4.0%。

径流一般由降水形成,全省多年平均径流深为400~1 400 mm,平均766 mm,多年平均地表径流量为1 682亿m^3。其时空分布规律与降水大体相似,降水多的地区往往也就是径流丰富的地区,一般山地多于丘陵、平地,植被良好的山丘区,径流明显增大。径流的月分配很不均匀。从全省平均情况来看,以6月月径流最大,占全年径流量的18.4%;其次是5月和7月,分别占16.2%和14.6%;12月和1月最小,均只占2.9%。多年平均连续最大四个月径流一般出现在4~7月,湘江少数地区和洞庭湖区是3~6月,澧水大多数地区是5~8月,这四个月的径流量一般占全年径流量的55%~65%。汛期4~9月径流量占全年径流量的60%~80%。径流的年际变化也很大,历年径流极大值与极小值的倍比为2~6,平均为3.4。

2.1.2 社会经济概况

2.1.2.1 人口及城镇化进程

根据2017年《湖南省统计年鉴》,2016年年末全省常住人口6 822.0万人。其中,城镇人口3 598.6万人,城镇化率52.75%,比2015年末提高1.86个百分点。人口自然增长率6.56‰。0~15岁(含不满16周岁)人口占常住人口的19.71%,比2015年末提高0.14个百分点;16~59岁(含不满60周岁)人口比重为62.68%,比2015年末下降0.58个百分点;60岁及以上人口占常住人口的17.61%,比2015年末提高0.44个百分点。

2005~2016年城镇化率情况见图2-1。

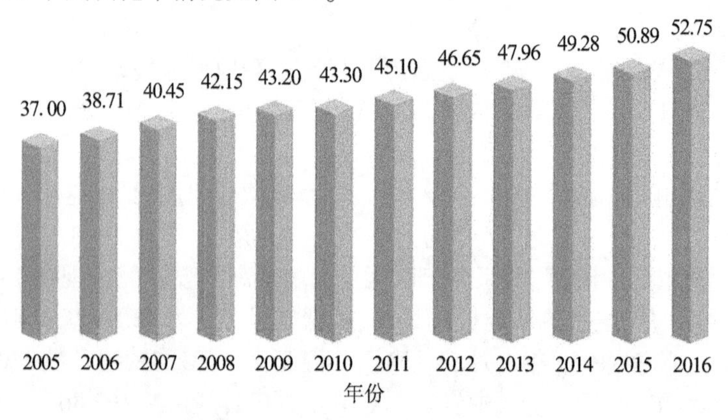

图2-1 2005~2016年城镇化率(%)

2.1.2.2 国民经济发展

2016年,湖南省生产总值31 244.7亿元,比2015年增长7.9%。其中,第一产业增加值3 578.4亿元,增长3.3%;第二产业增加值13 181.0亿元,增长6.6%;第三产业增加值14 485.3亿元,增长10.5%。按常住人口计算,人均地区生产总值45 931元,增长7.3%。

湖南省三次产业结构为11.5:42.2:46.3。规模以上服务业实现营业收入2 577.2亿元,比2015年增长18.3%;实现利润总额243.5亿元,增长12.1%。第三产业比重比2015年提高2.1个百分点;工业增加值占地区生产总值的比重为35.8%,比2015年下降2.1个百分点;高新技术产业增加值占地区生产总值的比重为22.0%,比2015年提高0.8个百分点;非公有制经济增加值18 739.9亿元,增长8.7%,占地区生产总值的比重为60.0%,比2015年提高0.4个百分点;战略性新兴产业增加值3 499.2亿元,增长9.4%,占地区生产总值的比重为11.2%。第一、二、三产业对经济增长的贡献率分别为4.8%、37.0%和58.2%,第三产业贡献率比2015年提高4.3个百分点。其中,工业增加值对经济增长的贡献率为 31.6%,生产性服务业增加值对经济增长的贡献率为 20.0%。资本形成总额、最终消费支出、货物和服务净流出对经济增长的贡献率分别为 49.5%、52.7%和-2.2%。

分区域看,长株潭地区生产总值 13 681.9 亿元,比 2015 年增长 9.0%;湘南地区生产总值 6 609.6 亿元,增长 8.0%;大湘西地区生产总值 5 345.6 亿元,增长 7.8%;洞庭湖地区生产总值 7 540.6 亿元,增长 7.8%。2011～2016 年地区生产总值及增长速度如图 2-2 所示。

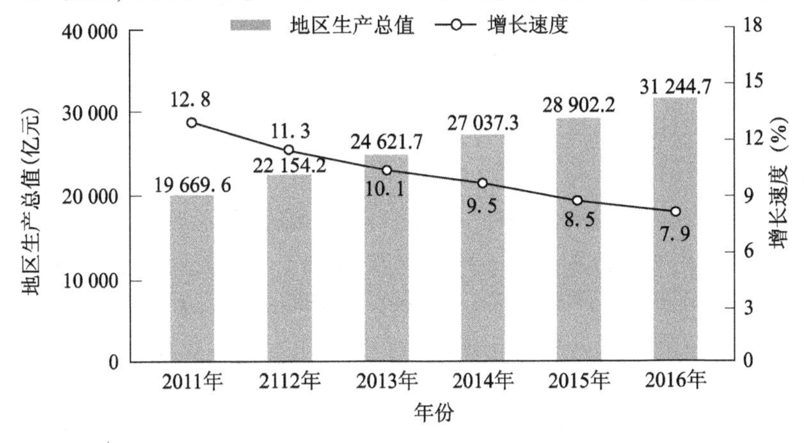

图 2-2 2011～2016 年地区生产总值及增长速度

2.1.3 水资源及开发利用概况

2.1.3.1 水资源概况

据湖南省水资源综合规划成果分析,全省 1956～2000 年多年平均年水资源总量为 1 689 亿 m^3。根据 2017 年《湖南省水资源公报》,2017 年湖南省水资源总量为 1 912.0 亿 m^3,比 2016 年偏少 13.0%,比多年平均偏多 13.3%。各地区 2017 年和多年平均水资源量见表 2-1。

表 2-1 湖南省分地区 2017 年和多年平均水资源量

行政分区	1956～2000 年平均(亿 m^3)	2017 年(亿 m^3)
长沙市	96.19	122.3
株洲市	102.3	114.7
湘潭市	37.66	43.69
衡阳市	109.4	116.6
邵阳市	160.6	167.6
岳阳市	103.9	149.6
常德市	131.2	149.7
张家界市	86.21	91.9
益阳市	99.37	125.3
郴州市	164.4	184.7

续表 2-1

行政分区	1956~2000 年平均(亿 m^3)	2017 年(亿 m^3)
永州市	193.7	194.63
怀化市	202.9	259.0
娄底市	68.98	75.28
自治州	125.3	154.5
全省	1 688.71	1 912.0

2.1.3.2 用水指标

根据 2017 年《湖南省水资源公报》,2017 年人均综合用水量为 476.59 m^3,万元 GDP 和万元工业增加值用水量分别为 94.52 m^3 和 72.38 m^3(均按当年价计算);按 2015 年不变价计算,万元 GDP 用水量为 96.15 m^3,较 2016 年降低 9.3%,万元工业增加值用水量为 67.50 m^3,较 2016 年降低 11.4%;农田灌溉水有效利用系数为 0.515,较 2016 年提高 0.01;城镇居民生活(不含公共用水)日人均用水量为 151.88 L,较 2016 年略有降低,农村居民生活(不含牲畜用水)日人均用水量 96.2 L,较 2016 年略有增加。2017 年各行政分区主要用水指标见表 2-2。

表 2-2　2017 年各行政分区主要用水指标

行政分区	人均综合用水量[m^3/(人·a)]	万元 GDP 用水量(m^3/万元)	万元工业增加值用水量(m^3/万元)	农田灌溉水有效利用系数
长沙市	463.22	35.62	30.62	0.530 6
株洲市	539.50	79.80	45.28	0.53
湘潭市	675.87	95.63	83.10	0.530 8
衡阳市	440.74	103.76	64.13	0.504 1
邵阳市	357.24	161.97	65.88	0.502
岳阳市	638.06	109.88	98.23	0.513 7
常德市	641.70	117.34	56.59	0.523 2
张家界市	336.22	97.79	66.91	0.536 5
益阳市	515.43	142.19	118.13	0.517
郴州市	482.91	96.66	63.03	0.514 7
永州市	451.28	148.60	60.95	0.501 6
怀化市	347.27	115.91	57.99	0.50
娄底市	386.87	99.83	82.51	0.50
湘西州	354.73	165.23	75.98	0.506 2
全省	476.59	96.15	67.50	0.515

注:与用水指标计算有关的社会经济指标均来自统计部门,GDP 和工业增加值均按 2015 年不变价计算。

2.1.3.3 水资源开发利用程度

2017 年,全省水资源总量为 1 912 亿 m^3,较多年平均偏多 13.2%,总用水量为 326.95 亿 m^3,水资源利用率(河道外用水量占多年平均水资源总量的比例)为 19.4%。13 个水资源分区中,洞庭湖环湖区的利用率最高达 37.1%,湘江衡阳以下次之,为 30.6%,柳江的利用率最低,为 3.6%。2017 年各流域分区水资源开发利用率见表 2-3。

表 2-3 2017 年各流域分区水资源开发利用率

流域分区	多年平均水资源量(亿 m^3)	用水量(亿 m^3)	开发利用率(%)
湘江	696.1	165.05	23.7
资水	232.6	39.59	17
沅江	398.2	39.13	9.8
澧水	133.4	15.41	11.6
洞庭湖环湖区	160.1	59.4	37.1
赣江栋背以上	8.005	0.4	5
城陵矶至湖口右岸	12.14	3.5	28.8
柳江	8.154	0.29	3.6
桂贺江	8.209	0.53	6.5
北江大坑口以上	31.99	3.65	11.4

2.2 “十二五”主要节水成效

“十二五”时期,按照习近平总书记提出的“节水优先、空间均衡、系统治理、两手发力”的新时期治水方针,湖南省着力推进节水型社会建设工作,从观念、意识、措施等各方面把节水放在优先位置,基本完成了“十二五”规划确定的主要目标和任务。

2.2.1 节水制度建设初见成效

贯彻落实《国务院关于印发水污染防治行动计划的通知》《国务院关于实行最严格水资源管理制度的意见》文件要求,全面推进最严格的水资源管理制度,强化了政府考核。加强城镇节水、公共供水管网漏损管控,于 2014 年 9 月完成了湖南省《用水定额》的修编发布。启动了《湖南省节约用水管理办法》编写工作,在长沙县开展了水权确权和交易试点工作。

2.2.2 节水管理能力不断加强

修订印发了《湖南省城市供水价格管理办法》《关于进一步加强水资源论证工作的通知》《关于进一步规范我省取水许可工作的通知》《湖南省节水型城市申报与考核办法》《湖南省节水型城市考核标准》,转发了《关于加快建立完善城镇居民用水阶梯价格制度的指导意见》,为推进节水工作提供支撑。下发了《湖南省农业取水许可管理工作实施方案》,发布了高污染高耗水企业名录。完善了城镇居民用水阶梯价格制度,推进了非居民用水超定额累进加价制度,水资源有偿使用制度进一步落实。完成了国家水资源监控能力建设一期项目,水资源监控能力得到不断加强。

2.2.3 节水设施建设取得一定进展

实施20处大型、32处中型灌区续建配套和节水改造,27处大型灌排泵站更新改造。区域规模化高效节水灌溉工程建设持续推进,新增、恢复灌溉面积252.8万亩,改善灌溉面积273.6万亩,新增高效节水灌溉面积127.7万亩,全省有效灌溉面积达到4 670万亩,高效节水灌溉面积达到555万亩,农田灌溉水有效利用系数从2010年的0.46提高到2015年的0.496。加快推进城镇供水管网改造,积极推广节水型用水器具,加大污水处理力度,城市污水处理率从2010年的72%提高到2015年的92%。非常规水源利用力度不断加大,长沙、株洲、岳阳、常德共完成城镇污水再生利用规模10.03万t/d。

2.2.4 节水实践创新发展取得新突破

各地积极探索各具特色的节水型发展模式,长沙市大力推进城市污水再生利用,打造城市水景观;常德市利用海绵城市建设理念,加大雨水收集利用,节水效果显著;祁东县积极探索水权转换机制,利用节约的农业用水用于城镇居民生活用水和工业用水;华容县以华容河生态治理及县城供水为重点开展农业节水灌溉示范建设;凤凰县围绕沱江水生态修复和海绵城市建设,开展了一些卓有成效的工作。完成了32个省直机关节水型机构验收工作,开展了节水型社会、水生态文明城市、节水型城市、水土保持生态文明县等系列国家试点工作,成功创建2个国家节水型城市,完成了4个国家级和7个省级节水型社会试点建设。

"十二五"期间,湖南省主要规划指标完成情况见表2-4。

表2-4 "十二五"期间主要规划指标完成情况

指标	2010年	规划指标	2015年指标完成情况
用水总量(亿 m^3)	[325.2]	[350]	[335]
万元地区生产总值用水量(m^3/万元)	[204]	[152]	[110]
万元工业增加值用水量(m^3/万元)	[143]	[112]	[75]
农田灌溉水有效利用系数	[0.46]	[0.49]	[0.49]

注:1.带[ ]为期末达到数。

2.万元GDP用水量、万元工业增加值用水量按当年价计算。

2.3 存在问题

当前湖南省水资源形势依然较严峻,水资源供需矛盾日益凸显,已成为制约湖南省经济社会可持续发展的主要瓶颈之一。同时,节水工作与经济社会发展要求仍然相距甚远,存在的主要问题有以下几点。

2.3.1 节水制度建设有待完善

节水立法及政策制度尚不完善,已有法规的执行难度大、监管手段少。水资源对经济社会发展的刚性约束不强,尚未发挥应有的倒逼作用。节水职责不明确,节水措施落实不到位。

2.3.2 市场激励机制不完善

目前提高水价已是总体势趋,但合理水价机制远未形成,水价的提高必须适时、适度、适地,才能真正形成激励机制,才能使节水形成产业,形成市场。国家和各级政府对农业节水有些投入,对工业和城镇节水尚无投资渠道。

2.3.3 节水设施水平有待提高

农业节水规模化发展程度不高,部分工业行业的生产工艺和关键环节普遍存在用水浪费现象,万元工业增加值用水量约为全国平均水平的1.9倍。城镇管网漏损率仍居高不下,2015年全省城市公共供水管网平均漏损率达到15%以上。

2.3.4 节水监管能力还需加强

取用水计量与监控能力不足,城镇和工业用水计量率约41%,农业灌溉用水计量率约20%。基层节水管理机构和队伍能力不足,节水型社会服务体系尚未形成。

2.3.5 节水意识还不强

水资源对国民经济、社会经济和生态环境的重要性还未引起人们的足够重视。全社会节水意识较为淡薄,有效提高社会节约用水的政策和经济措施尚不完善。

2.3.6 节水发展水平不平衡

根据2017年湖南水资源公报,人均综合用水量最大为湘潭市675.87 m^3/(人·a),最小为张家界市336.22 m^3/(人·a);万元GDP用水量最大为湘西自治州165.23 m^3,最小为长沙市35.62 m^3;万元工业增加值用水量最大为益阳市118.13 m^3,最小为长沙市30.62 m^3;农田灌溉水有效利用系数最大为张家界市0.536 5,最小为怀化市0.5。

2.4 面临形势和机遇

党中央、国务院提出了全面建成小康社会、坚持五大发展理念、适应经济发展新常态等一系列决策方针政策。未来五年是全面建成小康社会的决胜阶段,是大力推进生态文明建设、转变发展方式的重要战略机遇,也是落实“节水优先”方针、破除国家水安全制约瓶颈的重要时期。国家“十三五”规划纲要明确提出“实行最严格的水资源管理制度,以水定产、以水定城,建设节水型社会”等要求。必须准确把握节水型社会建设的新内涵、新要求,将提高供水保障程度和水资源的优化配置放在突出位置,破解水资源水环境制约问题,推进生态文明建设。

"十三五"时期,湖南省经济社会可持续发展面临的水资源和水环境压力将进一步加大,随着经济社会的快速发展,用水量需求将不断增加,在湖南省水资源总量1 689亿m^3(多年平均)中,扣除最低生态环境需水要求和人类难以控制利用的洪水,水资源开发潜力十分有限,水资源可利用量仅为492亿m^3($P=90\%$)。虽然湖南省部分地区尚有一定的开源潜力,但开发难度较大、成本较高。此外,随着经济社会发展,新建供水工程涉及的移民、环境保护等问题也越来越复杂,供水工程建设的成本和难度越来越大。同时部分区域水污染严重,水生态与环境形势严峻。由于部分城市污水收集管网不配套,工业废水排放达标率较低,存在废污水未经处理直接排入江河湖库的现象,部分河段远远超过水体的纳污能力。大力推行节水减排,提高水资源利用效率,是应对湖南省水生态环境恶化的必然选择。

2.5 小结

湖南省水资源总量丰富,但是受降水影响明显、水资源年内分配不均,年际变化较大及地域分布不均,且人均水资源量地区不均衡。2005~2016年城镇化率逐年提高,2016年已升至52.5%。

"十二五"时期,湖南省着力推进节水型社会建设工作,基本完成了"十二五"规划确定的主要目标和任务,成功创建2个国家节水型城市,完成了4个国家级和7个省级节水型社会试点建设。节水制度建设初见成效,节水管理能力不断加强。通过《用水定额》《湖南省节水型城市考核标准》《湖南省农业取水许可管理工作实施方案》等管理办法的修编发布,完善了城镇居民用水阶梯价格制度,使水资源有偿使用制度进一步落实。发布了高污染高耗水企业名录,完成了国家水资源监控能力建设一期项目,水资源监控能力得到不断加强。节水设施建设取得一定进展,2010~2015年实施20处大型、32处中型灌区续建配套和节水改造,27处大型灌排泵站更新改造,农田灌溉水有效利用系数从2010年的0.46提高到2015年的0.496。在城镇供水管网改造的推进、节水型用水器具推广的同时加大污水处理力度,城市污水处理率从2010年的72%提高到2015年的92%。节水实践创新发展取得新突破,如长沙市大力推进城市污水再生利用,打造城市水景观;常德市利用海绵城市建设理念,加大雨水收集利用,节水效果显著。

存在的问题是:节水方面相关的节水立法及政策制度尚不完善;农业节水规模化发展程度不高,部分工业行业的生产工艺和关键环节普遍存在用水浪费现象;节水意识不强,水资源对国民经济、社会经济和生态环境的重要性还未引起人们的足够重视。"十三五"时期,湖南省经济社会可持续发展面临的水资源和水环境压力将进一步加大,大力推行节水减排,提高水资源利用效率,是应对水生态环境恶化的必然选择。

第3章　节水型社会建设试点后评价

3.1　概　述

湖南省水资源总量较丰，但由于降水时空分布不均，存在水资源利用方式粗放、农业大水漫灌、工业重复利用率低、居民生活节水意识淡薄、水环境污染防治压力加大等问题，使水资源供需矛盾日益凸显，特别是随着工业化、城镇化、农业现代化的快速发展和全球气候变化影响的加大，季节性缺水、区域性缺水，成为制约全省经济社会可持续发展的瓶颈之一。当前，湖南省正加快推进全面建成小康社会和生态文明建设，将在较长一段时期内面临用水需求持续增长、防洪要求不断提高、排污压力日益增大、水资源开发与保护的矛盾更加突出、增强防灾减灾能力的要求越来越迫切、强化水资源节约保护的任务越来越繁重等问题。

2011年中央出台一号文件，将不断深化水利改革，加快建设节水型社会，促进水利可持续发展，努力走出一条有“中国特色水利现代化道路”作为未来10年水利改革发展的指导思想和重要内容。中央水利工作会议将节水型社会建设定为硬约束，指出：要着力实行最严格的水资源管理制度，加快确立水资源开发利用控制、用水效率控制、水功能区限制纳污3条红线，把节约用水贯穿于经济社会发展和群众生活生产全过程。中央一号文件正式公布后，湖南省第一时间主动与水利部衔接，共同商定将湖南列为全国水利改革试点省，先行先试、改革创新，破除制约水利发展的体制机制性障碍，解决水利发展中存在的突出问题。率先全面实施取水许可和水资源有偿使用制度，建立了与相关厅局的水资源管理工作和水污染防治工作协调机制，制定了《湖南省用水定额》，基本建成全面控制湘资沅澧四水干流水功能区和重点水域的水资源保护监测站网，开展了华容县和韶山市等7个省级节水型社会建设试点。同时，2011年湖南省在全国首推水资源管理纳入政府绩效评估，把实施严格水资源管理考核指标纳入各级政府绩效考核内容。

2012年3月，水利部发布《节水型社会建设“十二五”规划》，全面部署“十二五”时期节水型社会建设工作，全面贯彻落实最严格水资源管理制度。2013年湖南省政府出台《湖南省最严格水资源管理制度实施方案》，确立水资源开发利用控制、用水效率控制、水功能区限制纳污3条红线，以期实现水资源持续利用。明确湖南省实施最严格水资源管理制度的总体目标：确立水资源开发利用控制红线，到2030年全省用水总量控制在360亿m^3以内；确立用水效率控制红线，到2030年用水效率达到或接近全国先进水平，万元工业增加值用水量降低到30 m^3以下，农田灌溉水有效利用系数提高到0.6以上；确立水功能区限制纳污红线，到2030年主要污染物入河湖总量控制在水功能区纳污能力范围之内，水功能区水质达标率提高到95%以上。

响应国家的《"十三五"规划》,2017 年湖南省印发实施《湖南省节水型社会建设"十三五"规划》,结合湖南省实际,把节水贯穿于经济社会发展和生态文明建设全过程,提出了农业、工业、城镇等各领域节水目标及措施,以水资源可持续利用促进湖南经济社会可持续发展。明确到 2020 年全省用水总量要控制在 350 亿 m^3 以内,非常规水源利用量提升,万元 GDP 用水量、万元工业增加值用水量较 2015 年分别降低约 30%、33.9%,农田灌溉水利用系数提高到 0.54 以上。水资源管理制度进一步完善,节水约束与考核机制逐步优化,水权水价水市场改革取得重要进展。水资源监控能力显著提高,城镇和工业用水、农业灌溉用水计量率分别达到 75%、50%以上,用水计量准确度、可靠性显著提升。

2002 年 12 月,水利部印发《开展节水型社会建设试点指导意见》,在"十五"期间开展张掖、绵阳、大连、西安等 12 个全国节水型社会建设试点的基础上,"十一五"期间进一步扩大了全国试点的规模和范围,重点推动了南水北调东中线受水区、西北能源重化工基地、南方水污染严重地区、沿海经济带的节水型社会建设。2006 年水利部公布第二批 30 个全国试点名单。2008 年水利部批复第三批 40 个全国试点。2010 年公布了第四批 18 个试点地区,目前全国已批复节水型社会建设试点 100 个,省级节水型社会建设试点近 300 个。2006 年,岳阳市被水利部确定为全国第二批节水型社会建设试点市。2008 年,长沙、株洲、湘潭 3 市被列为全国第三批节水型社会建设试点市。同时,湖南省积极开展省级节水型社会建设试点工作,将祁东县、华容县、韶山市等 7 个县(市)作为湖南省省级节水型社会建设试点。经过几年的努力,长沙、株洲、湘潭、岳阳 4 市全面完成了国家节水型社会建设试点任务,被授予"全国节水型社会建设示范市"称号。全省节水型社会建设试点形成相互补充、相互促进、共同发展的新格局。回顾节水型社会建设试点的成功经验,对于启示同类型地区推进节水型社会建设,在当前形势下提升全面建设节水型社会的能力,服务于落实《最严格的水资源管理制度》《湖南省节水型社会建设"十三五"规划》,无疑都具有重要意义。

3.2 节水型社会建设后评价内容

由于节水型社会建设涉及工程、制度、体制和机制等多项内容,近年来对节水型社会建设试点后评价的研究主要集中在如何综合评价其建设成效。综合评价是对多属性体系结构描述的对象进行系统性、全局性和整体性的评价。黄乾等选取了节水型社会中关于"综合用水""生活用水""生产用水""生态环境""水管理"的 23 个指标构建评价体系,将熵值理论与模糊物元理论相结合,应用于节水型社会评价中,建立了基于熵权的模糊物元评价模型。乔维德应用层次分析法(AHP)确定节水型社会评价指标体系,构建人工神经网络(ANN)的节水型社会评价模型,综合了 AHP 的客观性和 BP 神经网络的适应能力。何俊仕等利用物元分析方法评价辽宁省 2006 年节水型社会建设所属阶段。李达等采用专家评价法对各目标权重进行分析及量化,评价了无锡市节水型社会建设状况,并提出了后续建设的对策。卢真建等从公平性角度考虑,构建节水型社会评价指标体系,采用基尼系数—支持向量机耦合评价模型,对东江流域节水型社会进行综合评价。张华等依据层次分析法原理建立了节水型社会评价指标体系，提出了一种"相关系数"及"相似系数"赋权方法，从下到上反求节水型社会评价指标体系中指标权重，该方法既保留了层次分析法分类清楚的特点，又具有客观赋权法人为因素少的优点。徐建新等基于集对分析原理，构建了典型城市节水型社会建设规划评价模型。由于节水型社会建设所带来的城市居民、企业和农户等社会群体节水意识和行为水平的变化程度是其建设效果的重要体现，是国际上评估节水与水资源高效利用措施效果评估的主要内容，褚俊英等选取西部欠发达的城市张掖和东部经济较为发达的大连作为典型代表，通过社会调查，考察节水型社会建设过程对人们节水意识和行为的影响，并对节水型社会建设主要措施的影响程度及发挥的效果进行评估。

上述研究重点从评估方法、评估内容等方面进行了探索。为了综合反映节水型社会试点的建设效果，规范评价内容和评价指标，2005 年水利部办公厅下发了《关于印发节水型社会建设评价指标体系（试行）的通知》（办资源〔2005〕179 号）（简称《评价指标法》），提出了包括综合性指标、节水管理、生活用水、生产用水、生态指标等 5 大类 32 个指标，指标中既有定性描述的，又有可量化的；既有反映综合情况的，又有反映单项情况的。同时提出："评价单位可以从中选择适合本地区的指标，也可视情况增补其他评价指标。"

目前，常见的后评价分为综合后评价和效果后评价两种：

（1）所谓综合后评价，即将建设工程项目分阶段的后评价进行综合，再给以总的后评价。目前综合评价的方法有两大类。一类是常规综合评价法，即将各阶段或各分项目的后评价进行汇总评价，其方法多采用对比分析综合评价法、多目标综合评价法和成功度综合评价法。另一类是采用应用数学中的矩阵、矩阵代数、差分方程等有限数学方法和模糊数学方法。上述方法可使多层次多指标的项目得出一个可以评估比较的综合评价值，这个综合评价值不是分项的后评价的简单汇总，而是一个项目的总的后评价值，它可以进行项目的纵向后评价比较，也可以进行项目之间横向的后评价比较，即项目实施前与实施后的综合评价或项目与项目的综合后评价。一般大型综合利用水利工程项目由于因子和指标众多，内容复杂，多采用多目标模糊数学层次分析综合评价法。

（2）效果后评价也就是狭义的项目后评价，是指在项目竣工以后一段时间内所进行的评价。一般认为生产性行业在竣工以后 1 年左右，基础设施行业在竣工以后 1 年左右，社会基础设施行业可能更长一些。这种评价的主要目的是，检查确定投资项目或活动达到理想效果的程度，总结经验教训，为新项目的宏观导向、政策制定和管理反馈信息。评价要对项目层次和决策管理层次的问题加以分析和总结。同时，为完善已建项目、调整在建项目和指导待建项目服务。

《节水型社会评价标准》采用的是效果评价，通过"用水定额管理、计划用水管理、用水计量、水价机制、节水"三同时" 管理、节水载体建设、供水管网漏损控制、生活节水器具推广、再生水利用、社会节水意识、节水标杆示范、实行节水激励政策"这几项打分后累加而成总分进行评价，以检查节水效果为主要目的。

节水型社会试点建设从规划、建设到最终成果的产出，需要经过目标的确定、过程的监管和指标考核等过程，包括大量的人力、物力和财力的投入，以及工程、技术、管理、观念和节水效果等产出。因此,在节水型社会建设试点评价过程中,除评估节水型社会建设试点的最终成果外,也应评估节水型社会建设试点的建设目标、指标、投入、产出的完成情况、逻辑联系及后续的可持续性条件。故本书着重进行项目实施前后的评价比较,同时进行项目之间横向的后评价比较,故更适合采用综合评价。本书的评价项是:万元 GDP 用水量、灌溉水利用系数、万元工业增加值用水量、工业用水重复利用率、节水器具普及率、城镇供水管网漏损率、城镇人均生活用水量、农村人均生活用水量、城镇生活污水集中处理率、城市生活饮用水源水质合格率、水功能区达标率、再生水利用率、节水管理机构、水资源和节水法规制度建设、节水型社会建设规划、节水市场运行机制、节水投入机制、节水宣传与大众参与度。这些评价项和《节水型社会评价标准》中的评价项基本一致,但为了更好地进行比较,故更多的是采用定量的数据。由于本书需进行项目实施前后的评价比较,以及进行可持续发展的评价,故选取其中远期规划水平年 2020 年的各项指标作为最优值 Z_u。如出现实际指标值优于 2020 年指标值的情况,则选取实际指标值作为评价指标的最优值 Z_u。由于各评价指标的量纲不相同,本书中将各原始指标值进行规范化处理,得到规范值 Z_i 后进行对比。

3.3 湖南省节水型社会建设试点后评价体系

3.3.1 后评价方法

结合湖南省节水型社会试点建设实际情况,重点采用层次分析法对湖南省四个节水型社会建设试点城市(长沙市、株洲市、湘潭市和岳阳市)进行综合评价。

层次分析法,是将一个多指标的复杂决策问题当作一个系统,把多指标分解成多个准则,再进一步分解为多准则的若干层次,采用定性指标模糊量化方法算得层次单权数和总权数,以作为多指标优化决策的系统方法。

依据《节水型社会评价指标体系和评价方法》(GB/T 28284—2012)(简称《方法》),分为 2 个层次构建节水型社会评价指标体系,第一层次为“类别”(不包括参考指标类别),第二层次为“评价指标”。进行评价时,根据各地区实际情况,选择其中的部分指标,并增加个别有地方性特征的指标。运用加权平均法进行每一层次评价,构造各指标的两两比较判断矩阵,再根据判断矩阵求出各指标的权重。

各评价指标的量纲一般不相同,应规范化处理原始指标值,得到规范值 Z_i 后进行对比。方法是先确定各指标的最优值 Z_u 和最大值 Z_m,再用式(3-1)处理越大越优的指标,用式(3-2)处理越小越优的指标:

$$Z_i = 100\times\left(1-\frac{Z_u-Z_i}{Z_u}\right) \tag{3-1}$$

$$Z_i = 100\times\left(1-\frac{Z_i-Z_u}{Z_m-Z_u}\right) \tag{3-2}$$

经过式(3-1)或式(3-2)变换后的指标规范值 Z_i 为 0~100,越大越优。

用式(3-3)计算各类指标评价分值:

$$p_i = \sum q_i Z_i \tag{3-3}$$

式中：p_i 为评价地区各类指标的综合评价结果分值；q_i 为各指标的权重。

最后用式(3-4)计算综合评价分值：

$$p_{zi} = \sum Q_i p_i \tag{3-4}$$

式中：p_{zi} 为评价地区综合评价结果分值；Q_i 为各类指标的权重。

根据综合评价分值，评价等级分为优秀($Q_i \geq 90$ 分)、良好($80 \leq Q_i < 90$ 分)、基本合格($65 \leq Q_i < 80$ 分)和不合格($Q_i < 65$ 分)4 类。

3.3.2　后评价指标及权重设置

3.3.2.1　后评价指标的选取

为进行全面的、科学的评价，就需要选取科学的、合理的评价指标，即确定多属性决策问题的指标集。在评价问题中，指标集的确定直接影响了决策结果的正确与否。科学、合理的指标集选择应遵循全面性原则、目的性原则、可比性原则、可操作性原则。

本次后评价的指标主要参考《节水型社会评价指标体系和评价方法》中的主要指标。指标数据主要来源于各地的节水型社会建设规划及水资源公报中，由于各地能收集到的数据量不同，为了能够有效地横向对比，故将指标做了适当的取舍。查阅目前国内外的城市节水相关文献，选择使用率高、各地都有且能反映当地节水水平的指标来进行评价，这样可以在理论分析总结的基础上，借鉴前人研究中的优秀成果，取其精华。

节水型社会建设评价指标体系总体上由综合效率指标、农业用水指标、工业用水指标和生活用水指标构成。考虑到湖南省长期致力于水生态建设且效果显著，故增加了水生态指标。同时考虑到由于水资源比较丰富，以前的节水意识比较薄弱，节水工作中提升全民节水意识、改变节水工作方法是各项工作的重中之重，故将节水管理类指标也放入指标体系中。具体指标见表 3-1。

表 3-1　节水后评价指标体系及其对应的权重

类别	权重	序号	评价指标	权重
综合性指标	0.2	1	万元 GDP 用水量(m^3/万元)	1
农业用水指标	0.15	2	灌溉水利用系数	1
工业用水指标	0.15	3	万元工业增加值用水量(m^3/万元)	0.75
		4	工业用水重复利用率(%)	0.25
生活用水指标	0.2	5	节水器具普及率(%)	0.5
		6	城镇供水管网漏损率(%)	0.1
		7	城镇人均生活用水量[L/(P·d)]	0.2
		8	农村人均生活用水量[L/(P·d)]	0.2

续表 3-1

类别	权重	序号	评价指标	权重
水生态与环境指标	0.2	9	城镇生活污水集中处理率(%)	0.35
		10	城市生活饮用水源水质合格率(%)	0.25
		11	水功能区达标率(%)	0.4
节水管理指标	0.1	12	再生水利用率(%)	0.1
		13	节水管理机构	0.3
		14	水资源和节水法规制度建设	0.15
		15	节水型社会建设规划	0.15
		16	节水市场运行机制	0.1
		17	节水投入机制	0.1
		18	节水宣传与大众参与	0.1

3.3.2.2 后评价权重的选择

各指标中的权重设置,参考众多专家打分得出。主要考虑如下几个方面:

(1)考虑地理、经济、社会等因素影响。各地的经济情况对节水的影响很大,故万元GDP用水量的权重较大。

(2)生活用水节水程度对当地节水型社会建设影响最大,故生活用水指标权重较大。

(3)目前,我国很多地区已经出现了水质型缺水,因此一定要把节水和治污结合起来,统筹考虑水资源承载能力和水环境承载能力。在满足用水需求的同时维护良好的水生态系统和治污对节水型社会建设同等重要,故水生态与环境指标和生活用水指标一致。

(4)工业与农业在湖南省发展均较好,虽然各地存在差异,但是考虑到横向对比的需求,各地的工业农业权重均相同。

(5)节水管理也是节水工作的一方面,故将其也列入指标中,并占少量权重。

3.4 湖南省节水型社会建设试点城市后评价

3.4.1 长沙市节水型社会建设试点后评价

3.4.1.1 长沙市节水型社会建设后评价计算

《长沙市节水型社会建设规划》中,通过实际考察和专家组审定确定的规划水平年各项指标值可靠性和权威性较高,因此本次研究选取其中远期规划水平年2020年的各项指标作为最优值Z_u。如出现实际指标值优于2020年指标值的情况,则选取实际指标值作为评价指标的最优Z_u。由于对于越小越优的指标才需要选取最大值,且根据统计资料这些指标值是逐年递减的,指标规范化值计算见表3-2。

表 3-2　长沙市节水型社会建设后评价指标分值

指标分类	评价指标	2011 年	2015 年	2016 年	2020 年	指标值 Z_i	最大值 Z_m	最优值 Z_u	规范化值 Z
综合用水指标	万元 GDP 用水量（m^3/万元）	67	44	39.00	33	35.00	67.00	33.00	94.12
农业用水指标	灌溉水利用系数	0.468	0.51	0.52	0.6	0.54	0.54	0.60	90.00
工业用水指标	万元工业增加值用水量(m^3/万元)	52.73	34	33.00	25	30.00	52.73	25.00	81.97
	工业用水重复利用率（%）	61	73	76.00	90	76.00	76.00	90.00	84.44
生活用水指标	节水器具普及率（%）	90	95	95.00	98	95.00	95.00	98.00	96.94
	城镇供水管网漏损率（%）	13.8	12	11.00	10	11.00	13.80	10.00	73.68
	城镇人均生活用水量[L/(人·d)]	167	157	152.0	150	152.0	160.0	150.0	80.00
	农村人均生活用水量[L/(人·d)]	125	96	95.00	95	95.00	110.0	95.00	100.00
水生态与环境指标	城镇生活污水集中处理率（%）	92.5	97	97.00	100	97.00	97.00	100.0	97.00
	城市生活饮用水源水质合格率（%）	95	100	100.0	100	100.0	100.0	100.0	100.0
	水功能区达标率（%）	63.6	75	0.77	95	85.00	85.00	95.00	89.47
节水管理指标	再生水利用率（%）	7	7.5	8.00	10	8.00	8.00	10.00	80.00
	节水管理机构		95.00	95.00	100	95.00	100.0	100.0	95.00
	水资源和节水法规制度建设		95.00	95.00	100	100.0	100.0	100.0	100.0
	节水型社会建设规划		95.00	95.00	100	95.00	100.0	100.0	95.00
	节水市场运行机制		95.00	95.00	100	95.00	100.0	100.0	95.00
	节水投入机制		95.00	95.00	100	95.00	100.0	100.0	95.00
	节水宣传与大众参与		100.0	100.0	100	100.0	100.0	100.0	100.0

采用层次分析法统计计算各指标分值，计算结果见表 3-3。

表 3-3 长沙市节水型社会建设后评价计算

类别	权重 Q_i	评价指标	分指标权重 q_i	规范化值 Z_i	q_iZ_i	p_i	Q_ip_i
综合性指标	0.20	万元 GDP 用水量（m^3/万元）	1.00	94.12	94.12	94.12 优秀	18.82
农业用水指标	0.15	灌溉水利用系数	1.00	90.00	90.00	90.00 优秀	13.50
工业用水指标	0.15	万元工业增加值用水量（m^3/万元）	0.75	81.97	61.48	82.59 良好	12.39
		工业用水重复利用率（%）	0.25	84.44	21.11		
生活用水指标	0.20	节水器具普及率（%）	0.50	96.94	48.47	91.84 优秀	18.37
		城镇供水管网漏损率（%）	0.10	73.68	7.37		
		城镇人均生活用水量[L/（人·d）]	0.20	80.00	16.00		
		农村人均生活用水量[L/（人·d）]	0.20	100.00	20.00		
水生态与环境指标	0.20	城镇生活污水集中处理率（%）	0.35	97.00	33.95	94.74 优秀	18.95
		城市生活饮用水源水质达标率（%）	0.25	100.00	25.00		
		水功能区达标率（%）	0.40	89.47	35.79		
节水管理指标	0.10	再生水利用率（%）	0.10	80.00	8.00	94.75 优秀	9.48
		节水管理机构	0.30	95.00	28.50		
		水资源和节水法规制度建设	0.15	100.00	15.00		
		节水型社会建设规划	0.15	95.00	14.25		
		节水市场运行机制	0.10	95.00	9.50		
		节水投入机制	0.10	95.00	9.50		
		节水宣传与大众参与	0.10	100.00	10.00		

累计 Q_ip_i 计算得：综合评价结果分值为 91.51 分，长沙市节水型建设后评价等级为优秀。根据上述表格分析成果得出，“水生态与环境指标”“节水管理指标”“综合性指标”“农业用水指标”“生活用水指标”评价结果均为优秀，“工业用水指标”评价结果为良好。

“综合用水指标”“生活用水指标”“农业用水指标”指标评价结果分数略低，分析可能的原因如下：

(1)目前，用水总量指标体系主要通过基准年现状用水量推算确定，万元工业增加值用水量指标体系多采用按比例削减的方法确定，指标分解没有很好地考虑各地水资源条件、产业结构、主体功能区定位和经济社会发展的需求，与实际不尽相符。由于长沙市 GDP 数值的影响，导致“工业用水指标”中涉及平均 GDP 值的数据受到较大影响。

(2)用水总量万元工业增加值用水量、农田灌溉水有效利用系数等 3 个指标主要依据统计数据进行测算，难以反映出实际情况和各地工作情况。

(3)作为一个丰水城市，还存在浪费现象，居民节约用水意识还需继续提高。

3.4.1.2　长沙市节水型社会建设经验总结

从长沙的后评价结果为优秀，可看出长沙的节水型社会建设试点工作取得的成效非常明显，以实际行动诠释了一个中部丰水地区建设节水型社会的可行性。总结其成功经验有如下几点：

(1)在建设理念方面，长沙市坚持协调发展、人水和谐的发展理念，将节水型社会建设作为建设“两型长沙”和实现经济社会可持续发展的重要战略举措，保证了试点建设工作方向的正确性。

(2)在建设思路方面，坚持节水和治污并重，始终坚持将节水减排作为节水型社会建设的主要目标，把水资源治理和保护作为节水型社会建设的重要内容。在提高水资源利用效率的同时，提高水环境的承载能力，在体制理顺上，全面整合涉水职能，实现城乡涉水事务一体化，有效解决了水管体制不畅、“九龙治水”的不利局面。

(3)在建设制度方面，将建立节水管理长效机制作为工作的核心内容，有效地解决了过去无法可依、想管管不了的问题，为日后水资源科学、有效管理提供了强有力的法律保障。坚持以现代化水行政管理能力和水资源调配能力作为节水型社会建设的基本支撑，提升节水型社会建设水平。

(4)在保障建设顺利实施方面，坚持政府主导和公众参与有机结合，通过大力发展投融资平台，广拓融资渠道，弥补了政府投入不足的缺陷，保障节水型社会建设的有效运行。

(5)在实施手段方面，坚持以示范项目为牵引，以点带面，点面结合，通过政策引导和资金扶持，引导企事业单位和个人积极主动开展节水工程建设，提高用水效率。

(6)在规范社会行为方面，通过广泛宣传、开展进学校、进企业、进学校、进家庭的各种主题活动，鼓励公众广泛参与进来，“长沙不缺水”的观念和粗放式用水方式逐步得以改变。

3.4.2　株洲市节水型社会建设试点后评价

3.4.2.1　株洲市节水型社会建设后评价计算

株洲市的数据主要选自《株洲市节水型社会建设规划》中，选取其中远期规划水平年 2020 年的各项指标作为最优值 Z_u。如出现实际指标值优于 2020 年指标值的情况，则选取实际指标值作为评价指标的最优值 Z_u。由于对于越小越优的指标才需要选取最大值，且根据统计资料这些指标值是逐年递减的,具体各分值见表3-4。

表3-4 株洲市节水型社会建设后评价指标分值

指标分类	评价指标	2007年	2011年	2015年	2020年	指标值 Z_i	最大值 Z_m	最优值 Z_u	规范化值 Z
综合用水指标	万元GDP用水量(m^3/万元)	334	214	183	160	170	214	160	81.48
农业用水指标	灌溉水利用系数	0.45	0.49	0.523	0.6	0.525	0.525	0.6	87.50
工业用水指标	万元工业增加值用水量[m^3/(万元)]	173	80	51	40	51	173	40	91.73
	工业用水重复利用率(%)	46	75	80	90	80	80	90	88.89
生活用水指标	节水器具普及率(%)	40	84	95	98	95	95	98	96.94
	城镇供水管网漏损率(%)	15	<13	12	10	12	15	10	60.00
	城镇人均生活用水量[L/(人·d)]	164	160	152	150	152	160	150	80.00
	农村人均生活用水量[L/(人·d)]	113	110	90	85	90	110	85	80.00
水生态与环境指标	城镇生活污水集中处理率(%)	34	76	85	90	85	85	90	94.44
	城市生活饮用水源水质合格率(%)	55.6	75	90	95	90	90	95	94.74
	水功能区达标率(%)	91	95	92	95	92	95	95	96.84
节水管理指标	再生水利用率(%)	8	8.5	9	10	9	10	10	90.00
	节水管理机构			95	100	95	100	100	95.00
	水资源和节水法规制度建设			100	100	100	100	100	100.00
	节水型社会建设规划			95	100	95	100	100	95.00
	节水市场运行机制			90	100	90	100	100	90.00
	节水投入机制			95	100	95	100	100	95.00
	节水宣传与大众参与			90	100	90	100	100	90.00

采用层次分析法统计计算各指标分值,计算结果见表3-5。

表3-5　株洲市节水型社会建设后评价计算

类别	权重 Q_i	评价指标	分指标权重 q_i	规范化值 Z_i	q_iZ_i	p_i	Q_ip_i
综合性指标	0.20	万元GDP用水量(m^3/万元)	1.00	94.12	81.48	81.48 良好	16.30
农业用水指标	0.15	灌溉水利用系数	1.00	90.00	87.50	87.50 良好	13.13
工业用水指标	0.15	万元工业增加值用水量(m^3/万元)	0.75	81.97	68.80	91.02 优秀	13.65
		工业用水重复利用率(%)	0.25	84.44	22.22		
生活用水指标	0.20	节水器具普及率(%)	0.50	96.94	48.47	86.47 良好	17.29
		城镇供水管网漏损率(%)	0.10	73.68	6.00		
		城镇人均生活用水量[L/(人·d)]	0.20	80.00	16.00		
		农村人均生活用水量[L/(人·d)]	0.20	100.00	16.00		
水生态与环境指标	0.20	城镇生活污水集中处理率(%)	0.35	97.00	33.06	95.48 优秀	19.10
		城市生活饮用水源水质达标率(%)	0.25	100.00	23.68		
		水功能区达标率(%)	0.40	89.47	38.74		
节水管理指标	0.10	再生水利用率(%)	0.10	80.00	9.00	94.25 优秀	9.43
		节水管理机构	0.30	95.00	28.50		
		水资源和节水法规制度建设	0.15	100.00	15.00		
		节水型社会建设规划	0.15	95.00	14.25		
		节水市场运行机制	0.10	95.00	9.00		
		节水投入机制	0.10	95.00	9.50		
		节水宣传与大众参与	0.10	100.00	9.00		

再由式(3-4)计算得:综合评价结果分值为88.90分,株洲市节水型建设后评价等级为良好。根据上述表格分析成果得出,“水生态与环境指标”“节水管理指标”“工业用水指标”这几类指标评价结果为优秀;由于GDP的影响,株洲的“生活用水指标”“综合性指标”“农业用水指标”这几类指标的评价结果均为良好,其中“生活用水指标”“农业用水指标”这两个指标值接近优秀。

说明株洲市的工业较为发达,工业节水工作做得比较好。水生态和环境治理得较好。同时,从“生活用水指标”“综合性指标”“农业用水指标”这几类指标的评价值略微偏低,分析其可能存在的问题为:

(1)万元GDP用水量略偏高,株洲市的GDP值较高对其有一定的影响。

(2)灌溉水有效利用系数可进一步提高。

(3)城镇供水管网漏损率、城镇人均生活用水量这两个值偏高,建议加快城镇供水管网的改造步伐,同时加强居民的节水意识。

3.4.2.2 株洲市节水型社会建设经验总结

从株洲的后评价结果为良好,可看出株洲的节水型社会建设试点工作取得的成效非常明显。总结其成功经验有如下几点:

(1)加强领导,建立强有力的领导机构。组建了由市政府法制办主任牵头的节水政策研究组、市政府分管副秘书长牵头的节水示范创建组、市委宣传部副部长牵头的节水宣传组、市水利局局长牵头的节水办公室。同时,为了强化落实责任,市政府与22个成员单位签订了《节水型社会建设试点工作责任书》,把工作责任明确细化到各部门、各单位,完成情况纳入各单位年度绩效考核范畴。

(2)广泛宣传,着力营造节水型社会的浓厚氛围。组织人员专门精心编写了《株洲市节水型社会建设读本》《株洲市节水社会建设手册》,免费向广大市民发放12 000多本。在株洲日报、株洲电视台等媒体开辟了节水型社会建设专栏,进行连续宣传报道。拟定多条宣传口号在各户外宣传标牌上进行集中宣传。组织开展了节水宣传“进社区”“进学校”“进机关”等形式多样的宣传活动,从思想上提高居民的节水意识。

(3)深化改革,确立水资源统一管理体制。成立了“株洲市水务局”,实行对全市水资源实行统一管理的行政职能,承担全市生活用水、生产用水、生态用水的统筹兼顾和调度保障,负责涉水部门的综合协调和业务指导,实现涉水事务一体化管理。

(4)强化管理,完善节水防污多项制度。组织编制了《株洲市节水型社会建设规划报告》。修订了《株洲市水资源保护规划》《株洲市水功能区划》。市政府出台了《株洲市城市节约用水管理办法》《株洲市城区河道管理办法》《株洲市湘江河道砂石开采经营管理办法》。制定了《株洲市节水型企业示范创建标准》《株洲市节水型机关示范创建标准》《株洲市节水型宾馆(酒店)示范创建标准》《株洲市节水型高校示范创建标准》《株洲市节水型中小学示范创建标准》《株洲市节水型小区示范创建标准》《株洲市节水型灌区示范创建标准》。通过制定落实上述刚性约束制度,使节水型社会建设更加有法可依,有章可循。

(5)树立样板,发挥示范引导带头作用。确立了不同行业共19个单位(项目)。在全市各行各业起到了良好的典型引导作用。

3.4.3　湘潭市节水型社会建设试点后评价

3.4.3.1　湘潭市节水型社会建设后评价计算

采用湖南省湘潭市 2011~2015 年的节水型社会建设各项数据作为评价指标,选取综合性指标、农业用水指标、工业用水指标、生活用水指标、生态与环境目标及节水管理指标共 6 大类 23 项指标作为此次评价指标,各评价指标值计算见表 3-6。

表 3-6　湘潭市节水型社会建设后评价指标分值计算

指标分类	评价指标	2011 年	2015 年	2020 年	指标值 Z_i	最大值 Z_m	最优值 Z_u	规范化值 Z
综合性指标	万元 GDP 用水量(m^3/万元)	291	211	185	211	291	192	80.81
农业用水指标	灌溉水利用系数	0.51	0.55	0.65	0.56	0.56	0.6	93.33
工业用水指标	万元工业增加值用水量(m^3/万元)	190	142	122	142	190	93.862	49.93
	工业用水重复利用率(%)	70	75	80	75	75	75	100.0
生活用水指标	节水器具普及率(%)	80	100	100	100	100	100	100.0
	城镇供水管网漏损率(%)	17.5	15	12	15	17.5	10	33.33
	城镇人均生活用水量[L/(人·d)]	182	160	160	160	182	160	100.0
	农村人均生活用水量[L/(人·d)]	100	120	90	100	120	100	100.0
水生态与环境指标	城镇生活污水集中处理率(%)	70	80	90	80	80	97	82.47
	城市生活饮用水源水质合格率(%)	100	100	10	100	100	100	100.0
	水功能区达标率(%)	62.5	75	100	80	80	95	84.21
节水管理指标	再生水利用率(%)	9	8	80	8	9	10	80.00
	节水管理机构	90	95	100	95	100	100	95.00
	水资源和节水法规制度建设	90	95	100	95	100	100	95.00
	节水型社会建设规划	85	90	100	90	100	100	90.00
	节水市场运行机制	85	90	100	90	100	100	90.00
	节水投入机制	85	90	100	90	100	100	90.00
	节水宣传与大众参与	85	90	100	90	100	100	90.00

根据评价体系中各评价指标的相对权重,运用层次分析法对湖南省湘潭市节水型社会建设效果进行后评价,计算结果见表3-7。

表3-7　湘潭市节水型社会建设后评价计算

类别	权重 Q_i	评价指标	分指标权重 q_i	规范化值 Z_i	q_iZ_i	p_i	Q_ip_i
综合性指标	0.20	万元 GDP 用水量(m^3/万元)	1.00	80.81	80.81	80.81 良好	16.16
农业用水指标	0.15	灌溉水利用系数	1.00	93.33	93.33	93.33 优秀	14.00
工业用水指标	0.15	万元工业增加值用水量(m^3/万元)	0.75	49.93	37.45	62.45 合格	9.37
		工业用水重复利用率(%)	0.25	100.00	25.00		
生活用水指标	0.20	节水器具普及率(%)	0.50	100.00	50.00	93.33 优秀	18.67
		城镇供水管网漏损率(%)	0.10	33.33	3.33		
		城镇人均生活用水量[L/(人·d)]	0.20	100.00	20.00		
		农村人均生活用水量[L/(人·d)]	0.20	100.00	20.00		
水生态与环境指标	0.20	城镇生活污水集中处理率(%)	0.35	82.47	28.87	87.55 良好	17.51
		城市生活饮用水源水质达标率(%)	0.25	100.00	25.00		
		水功能区达标率(%)	0.40	84.21	33.68		
节水管理指标	0.10	再生水利用率(%)	0.10	80.00	8.00	91.25 优秀	9.13
		节水管理机构	0.30	95.00	28.50		
		水资源和节水法规制度建设	0.15	95.00	14.25		
		节水型社会建设规划	0.15	90.00	13.50		
		节水市场运行机制	0.10	90.00	9.00		
		节水投入机制	0.10	90.00	9.00		
		节水宣传与大众参与	0.10	90.00	9.00		

由表 3-7 得出，湘潭市节水型社会建设效果综合评价分值为 84.84，评价结果为良好。其中“农业用水指标”“生活用水指标”“节水管理指标”3 类指标评价结果为优秀；“综合性指标”“水生态与环境指标”评价结果为良好，且“水生态与环境指标”接近优秀；“工业用水指标”评价结果为基本合格。

从评价结果可看出，湘潭市农业发展得较好，农业节水工作开展得较好。另外，“工业用水指标”评价结果为基本合格，“综合性指标”评价结果刚刚到良好。说明湘潭节水工作依然存在不足，分析其原因如下：

(1)湘潭市工业节水发展较为落后，故工业用水指标相对较高。建议政府部门加强对用水量大的企业的监督，采取相应的措施，安装节水、水处理设备，提高再生水的利用率。

(2)“综合性指标”评价结果刚刚到良好，说明湘潭市整体的节水意识还不足，应加大节水型社会建设宣传力度，增强居民节水意识，普及节水常识。

3.4.3.2　湘潭市节水型社会建设经验总结

从评价结果可看出湘潭市节水型社会建设从 2008～2015 年，节水型社会建设效果良好。总结其经验如下：

(1)明确责任构建新机制。2008 年 8 月 6 日，湘潭市成立了以市长任组长，市委副书记任常务副组长，市政府各分管副市长任副组长，各有关单位负责人任成员的湘潭市节水型社会建设试点工作领导小组。领导小组通过与各成员单位签订《湘潭市节水型社会建设试点工作职责分解责任书》，把建设试点工作纳入目标责任考核，对试点期的各项工作细化、量化、具体化，做到任务明确、措施到位、责任到人，从而有效地确保了各项工作的顺利完成。2009 年 4 月 10 日，湘潭市水务局正式挂牌成立，明确为湘潭市人民政府主管全市涉水事务的工作职能机构；之后将城市供水职能、自备水源污水处理费征收职能、河东地区污水处理职能划入市水务局，从而实现了全市供、排、污和计划用水、节约用水等涉水事务的统一管理；2012 年 8 月，在全省率先成立了湘潭市水资源管理局，湘潭市水务一体化管理格局基本形成。

(2)制度创新实现新突破，湘潭先后出台了《湘潭市节约用水管理规定》《湘江湘潭段河道管理办法》《湘潭市实施最严格水资源制度方案》等规范性文件，通过进一步加强取水许可审批和水资源论证、逐步实施计划用水管理、开展入河排污口设置审批、积极开展水平衡测试、推进供水水价改革等，大力推行科学用水、节约用水，合理利用水资源。同时，湘潭始终坚持“政府引导，多方筹集为主”的原则，积极探索调动全社会共同创建节水型社会建设的筹资机制。一方面，坚持节水型社会建设试点重点项目与自主创新创建节水型乡镇、节水型企业和节水型社区相结合。另一方面，各级财政不断加大对节水工程建设和节水技术研究的支持，对污水处理设施建设给予政策、资金倾斜，并专门安排节水灌溉工程经费；同时充分利用 BOT 等方式，拓宽节水和治污投资渠道，建设污水处理厂。

(3)广泛宣传营造氛围，在试点期间，全市共出动宣传车辆 420 台，在城区主干交通要道出入口、城市显要位置，制作了 4 块共计 1 600 m^2 的永久性大型宣传广告牌，制作宣传标语 12 000 条，发放宣传资料 46 000 份，主要路口悬挂宣传横幅 400 幅，播放节水型社会建设试点宣传片 480 h。市水务局还联合团委、教育局、环保局、水文局、市环保协会等开展一系列的主题宣传活动，通过开展多层次、多途径、多方位的广泛宣传发动，“严格水资源管理，保障可持续发展”“创建节水型社会”的节水理念进一步深入人心。

（4）增强监控，保证实施效果。逐步建立了覆盖全市，提供水资源实时监控、信息管理、决策支持、信息服务等多层次服务的水资源实时监控与管理系统，提高水资源现代管理水平。

3.4.4 岳阳市节水型社会建设试点后评价

3.4.4.1 岳阳市节水型社会建设后评价计算

《岳阳市节水型社会建设规划》中，通过实际考察和专家组审定确定的规划水平年各项指标值可靠性和权威性较高，因此选取其中远期规划水平年 2020 年的各项指标作为最优值 Z_u。如出现 2015 年的实际指标值优于 2020 年的指标值的情况，则选取 2015 年的实际指标值作为评价指标的最优值 Z_u。由于对于越小越优的指标才需要选取最大值，且根据统计资料这些指标值是逐年的，因此以基准年 2010 年的指标值作为最大值。各评价指标值计算见表 3-8。

表 3-8 岳阳市节水型社会建设后评价指标分值计算

指标分类	评价指标	2010 年	2015 年	2020 年	指标值 Z_i	最大值 Z_m	最优值 Z_u	规范化值 Z
综合性指标	万元 GDP 用水量（m^3/万元）	291	190	140	190	291	140	66.89
农业用水指标	灌溉水利用系数	0.49	0.56	0.6	0.56	0.56	0.6	93.33
工业用水指标	万元工业增加值用水量（m^3/万元）	190	133	100	133	190	100	63.33
	工业用水重复利用率（%）	80	84	90	84	84	90	93.33
生活用水指标	节水器具普及率（%）	80	90	100	90	90	100	90.00
	城镇供水管网漏损率（%）	17.5	12	10	12	17.5	10	73.33
	城镇人均生活用水量［L/（人·d）］	182	160	140	160	182	140	52.38
	农村人均生活用水量［L/（人·d）］	120	100	96	100	120	96	83.33

续表 3-8

指标分类	评价指标	2010 年	2015 年	2020 年	指标值 Z_i	最大值 Z_m	最优值 Z_u	规范化值 Z
水生态与环境指标	城镇生活污水集中处理率(%)	65	80	90	80	80	90	88.89
	城市生活饮用水源水质合格率(%)	90	98	100	98	98	100	98.00
	水功能区达标率(%)	90	95	95	95	95	95	100.0
节水管理指标	再生水利用率(%)	7	8.5	10	8.5	8.5	10	85.00
	节水管理机构		95	100	95	100	100	95.00
	水资源和节水法规制度建设		95	100	95	100	100	95.00
	节水型社会建设规划		90	100	90	100	100	90.00
	节水市场运行机制		90	100	90	100	100	90.00
	节水投入机制		90	100	90	100	100	90.00
	节水宣传与大众参与		90	100	90	100	100	90.00

根据评价体系中各评价指标的相对权重，运用层次分析法对湖南省岳阳市节水型社会建设效果进行后评价，计算结果见表 3-9。

表 3-9　岳阳市节水型社会建设后评价计算

类别	权重 Q_i	评价指标	分指标权重 q_i	规范化值 Z_i	q_iZ_i	p_i	Q_ip_i
综合性指标	0.20	万元 GDP 用水量(m^3/万元)	1.00	66.89	66.89	66.89 合格	13.38
农业用水指标	0.15	灌溉水利用系数	1.00	93.33	93.33	93.33 优秀	14.00
工业用水指标	0.15	万元工业增加值用水量(m^3/万元)	0.75	63.33	47.50	70.83 中等	10.63
		工业用水重复利用率(%)	0.25	93.33	23.33		

续表 3-9

类别	权重 Q_i	评价指标	分指标权重 q_i	规范化值 Z_i	q_iZ_i	p_i	Q_ip_i
生活用水指标	0.20	节水器具普及率(%)	0.50	90.00	45.00	79.48 中等	15.90
		城镇供水管网漏损率(%)	0.10	73.33	7.33		
		城镇人均生活用水量[L/(人·d)]	0.20	52.38	10.48		
		农村人均生活用水量[L/(人·d)]	0.20	83.33	16.67		
水生态与环境指标	0.20	城镇生活污水集中处理率(%)	0.35	88.89	31.11	95.61 优秀	19.12
		城市生活饮用水源水质达标率(%)	0.25	98.00	24.50		
		水功能区达标率(%)	0.40	100.00	40.00		
节水管理指标	0.10	再生水利用率(%)	0.10	85.00	8.50	91.75 优秀	9.18
		节水管理机构	0.30	95.00	28.50		
		水资源和节水法规制度建设	0.15	95.00	14.25		
		节水型社会建设规划	0.15	90.00	13.50		
		节水市场运行机制	0.10	90.00	9.00		
		节水投入机制	0.10	90.00	9.00		
		节水宣传与大众参与	0.10	90.00	9.00		

再由式(3-4)计算得:综合评价结果分值为 82.21 分,岳阳市节水型建设后评价等级为良好。根据上述表格分析成果得出,“节水管理”“农业用水指标”“水生态与环境指标”两类指标评价结果均为优秀;“生活用水指标”“工业用水指标”评价结果为中等,且“生活用水指标”接近良好;“综合性指标”评价结果为合格。

从评价结果可看出,岳阳市的农业发展较好,农业节水工作进行得较好。但是从“综合性指标”评价结果为基本合格,“工业用水指标”评价结果为中等,分析其指标值,建议可从如下几个方面改进:

(1)居民节水意识还不足,建议加大节水型社会建设宣传力度,增强居民节水意识,普及节水常识。

(2)岳阳市工业发展较为滞后,工业节水水平偏低,建议加强工业节水监督。建议政府部门继续加强实现水费计取、反向补贴和用水许可制度。

3.4.4.2　岳阳市节水型社会建设经验总结

岳阳市节水型社会试点建设以来,通过调整产业结构、提高水的利用效率、加强用水管理等措施,节水社会建设效果明显,总结岳阳市建设经验如下:

(1)通过推广节水灌溉技术、加快大中型灌区改造、加快水利基础设施建设、加强农业用水管理、提高农民的节水意识等措施,农业灌溉水利用系数提高较大。

(2)通过改进用水工艺、推进中水回用工程等措施,规模工业万元工业增加值用水量年下降率明显,工业用水重复率明显提高。

(3)大力开展以公厕改造为主的公共节水器具改造,大力推进居民生活节水器具改造,狠抓节水器具市场的准入,节水型器具普及率在 90%以上。

(4)加快了改造城区供水管网的步伐,城市供水管网漏损率明显降低。

(5)通过开展农村安全饮水工程建设和阶梯式自来水水价,农村人均生活用水量低于预期指标。

(6)完成污水处理厂的建设和城区排污口的截污,大大提高了城镇生活污水处理率。

(7)通过污水处理厂的提质改造和中水回用项目的建设,提高了再生水利用率。

(8)在城区实行全截污工程,大力开展点源、面源污染治理,对水厂进行提质改造。

(9)加大了水生态修护和水资源保护工作的投入,同时按照水功能区的使用要求进行科学有效的管理,水功能区水质达标率提高明显。

3.5　湖南省节水型社会建设试点后评价结果分析

3.5.1　试点后评价结果

通过对四个试点城市的节水型社会建设后评价结果进行对比见表 3-10。

表 3-10　四个试点城市节水型社会建设结果对照

指标分类	长沙	株洲	湘潭	岳阳
综合用水指标	94.12	81.48	80.81	66.89
农业用水指标	90.00	87.50	93.33	93.33
工业用水指标	82.59	91.02	62.45	70.83
生活用水指标	91.84	86.47	93.33	79.48
水生态与环境指标	94.74	95.48	87.55	95.61
节水管理指标	94.75	94.25	91.25	91.75
后评价结果及等级	91.51 优秀	88.90 良好	84.84 良好	82.21 良好

从表3-10中可以看出,湖南省四个节水型社会建设试点城市(长沙市、株洲市、湘潭市和岳阳市),节水型社会建设后评价结果为良好及以上。

3.5.2 结果分析

湖南省四个节水型社会建设试点城市后评价结果均为良好及以上,说明近年来,湖南省认真贯彻落实习近平总书记提出的"节水优先、空间均衡、系统治理、两手发力"的治水理念,突出基础工作,强化制度建设和自身能力建设,"节水型社会建设"取得了一定的成效。

3.5.2.1 成功经验

结合长沙市、株洲市、湘潭市、岳阳市的成功经验,分析湖南省节水型社会建设的成功经验有如下几点:

(1)在政策上建立制度指标体系,并以此考核,保证落实实施。

2011年湖南省在全国首推水资源管理纳入政府绩效评估,后又制定了《湖南省实行最严格水资源管理制度考核办法》,明确考核评分标准,把实施水资源管理考核指标纳入各级政府绩效考核内容。同时,2013年湖南省出台了《湖南省最严格水资源管理制度实施方案》,全面建立了省、市、县水资源管理"三条红线"控制指标体系。将万元工业增加值用水量和水功能区水质达标率两个红线指标的完成情况纳入省政府对市(州)政府的绩效考核。各市(州)在省政府的带领下,以省级考核办法为依据制定了自己的考核办法,长沙市、株洲市、湘潭市、岳阳市均对应本市的考核,并启动了对县(市、区)的考核,部分县(市、区)的考核甚至延伸到了乡镇。全面启动全省考核,将考核作为节水型社会建设的一个有效监督管理办法。

(2)在三条红线的基础上,控制总量的同时合理配置水资源。

以总量控制水资源不超过三条红线为核心,将全省水量进行分配,明确了各流域内市(州)行政区域在工业、农业、生活、生态环境的用水控制指标,进一步规范了建设项目水资源论证,严格实施取水许可,修订出台了管理办法,同时强化地下水的管理,长沙、湘潭等市全面关闭了城市公共供水管网覆盖范围内的自备水井。

(3)强调节约用水,通过定额管理、水权试点、阶梯水价等方法提高用水效率。

颁布实施了新修订的《湖南省用水定额》,对20个行业63种产品首次实施强制性用水定额标准。选择长沙县江背镇开展了水权交易试点,初步探索了基于行业间、区域间的宏观水权交易理念。加快推进城市水价改革,下发了《湖南省城市供水价格管理办法》《关于加快城市供水价格改革有关问题的通知》,对居民生活用水阶梯价格制度、供水企业水资源费限期足额征收、水资源费征收随水价联动机制进行了具体规定,长沙、衡阳等7市全面实施了居民生活用水阶梯式水价并制订了非居民用水超定额累进加价方案。此外,积极推进了农业节水和非常规水资源的开发利用,在长沙、株洲等地实施了城市中水补充生态环境用水等工程。

(4)以点带面,以节水型城市、节水型单位示范带头,实现全民节水。

积极推进节水型社会建设和公共机构节水型单位创建,以长沙市、株洲市、湘潭市、岳阳市4个国家级节水型社会试点为龙头,借鉴其成功经验,带动韶山等7个县(市)开展了省级节水型社会试点的建设。推进了节水型单位建设，仅 2015 年就有 25 家省直机关完成了节水型机关建设。同时，各市（州）针对当地情况，提出各地对应的建设标准，如株洲市就制定了《株洲市节水型企业示范创建标准》《株洲市节水型机关示范创建标准》《株洲市节水型宾馆（酒店）示范创建标准》等，通过节水型单位建设保障节水型社会建设，同时节水型社会建设又示范带动全民节水。

（5）强调水资源保护，修编水功能区划，核定饮用水水源地。

全面完成了湖南省水功能区划修编工作，初步完成了水功能区纳污能力核定和分阶段限排总量控制方案，组织完成了全省县级以上城镇饮用水源地名录现场核定工作，全省核定 124 个省级重要饮用水源地，并对应确界立碑。对株树桥水库、长株潭湘江水源地等 6 个国家级饮用水水源地开展了安全保障达标建设。强化了县级以上城镇污水收集处理，开展了入河排污口的排查和监测，对饮用水源保护区内的排污口进行了清查和关闭；大力实施了水库、湖泊及湘水干支流沿线规模化禽畜水产养殖的关停退出，全面启动了《湖南省饮用水源保护条例》立法工作。

（6）提高水资源管理能力，通过计量监控体系建设保障节水型社会建设的有效落实。

初步建成了省级水资源管理监控平台，基本建成全面控制湘资沅澧四水干流水功能区和重点水域的水资源保护监测网站，全面加强了水功能区水质监测，定期发布监测结果。全省 302 个重点取用水户和株树桥等 6 个国家级饮用水水源地实现在线实时监控。省级水环境监测中心和 14 个地市水环境监测分中心基本建成投运，国家重要江河水功能区监测覆盖率达到 100%。建成了覆盖全省 122 个县（市、区）的河道保洁实施监控系统，对河道垃圾进行全面监控。

（7）强化了流域水资源的统一调度，统筹流域治理与保护。

颁布实施了我国第一部江湖流域保护地方性法规——《湘江保护条例》，强化了流域水资源的统一调度。批准实施了以流域为单元的枯水期水资源调度方案，探索流域统一管理调度模式。建立了由政府一把手任主要负责人的省市县三级流域保护协调议事结构，统筹流域治理与保护。

（8）节水的同时不忘水质的控制，加强水生态文明建设。

长沙市、郴州市、株洲市、芷江县、凤凰县等 5 市（县）列入国家水生态文明城市试点，开展了不同水资源禀赋条件下的水生态文明建设。选择郴州市、湘潭市、岳阳市、长沙县、沅江市、汉寿县、凤凰县开展了以水生态文明为目标的城市水利规划编制试点。

（9）加强宣传教育，提高全民节水意识。

开展多层次、多途径、多方位的广泛宣传发动，将节约用水的节水理念进一步深入人心。长沙、株洲、湘潭、岳阳等市通过网络媒体、报纸、电视媒体、广告牌、宣传车、横幅标语、宣传手册等方法，联合团委、教育局、环保局、水文局、环保协会等开展了节水宣传“进社区”“进学校”“进机关”等形式多样的宣传活动，通过一系列的主题宣传活动，着力营造节水型社会浓厚氛围，从思想上提高居民的节水意识。

3.5.2.2　存在的问题

但通过四个试点城市，从普遍存在“综合用水指标”“生活用水指标”“农业节水指标”“工业节水指标”相对其他指标普遍较低的情况来看，总结湖南省节水存在的问题如下：

(1)经济发展快速,城镇化进程较快,缺水形势更为严峻。

湖南省城镇化进程呈快速发展趋势,与城镇化发展相对应的是城镇人口的大量聚集,城镇生活用水总量不断增加。同时,居民生活和居住条件的改善,公共设施的完善,造成人均用水定额不断提高。同时,万元 GDP 用水量普遍较高,说明 GDP 的提高对用水量的需求提高较多。湖南省降水丰沛,水资源总量较丰,但降水的时空分布与需水的时空分布不一致,供水工程的分布不均;部分已建工程配套条件差;局部地区产业结构不合理导致需水要求不合理等区域性、季节性缺水问题依然严重。

(2)用水效率还需提高。

湖南省是农业大省,农业是用水的第一大户,农业灌溉水的有效利用率仍然不够高,存在农业用水浪费的现象,部分地区灌溉单位用水量偏高,仍存在大水漫灌现象。城镇生活用水供水跑、冒、滴、漏现象仍比较严重,节水器具、设施仍不足。城市居民生活用水高于经济发展水平同类水平的其他地区,说明存在明显的用水浪费。由于湖南省是丰水区,城市污水处理回用配套工程存在不足,污水回用率依然较低。

(3)思想认识不到位。

4 个试点城市的生活用水、工业用水、农业用水的用水量普遍相对较高、回用率均相对较低,说明对当前水资源面临的严峻形势认识不到位。具体分析存在如下两方面的认识不足。首先,南方地区水资源丰富,总量不是问题,对存在的水资源、水环境、水生态问题认识不足。其次,没有意识到水资源不足将会成为区域经济社会发展的约束条件,水资源、水环境在区域经济社会发展中被动适应多,主动引领作用发挥不明显。

(4)水资源开发利用的全过程管理配合不足。

水源保护、取水、用水、排水、污水处理等水资源管理的部门不同,存在管理配合的困难。为配合节水社会的建设,长沙、株洲等市均临时成立了水务局等统一管理节水建设的部门,对水资源统一管理起到了一定的作用,但人员有限,难以将管理工作细化,在水资源全过程管理中还需通过各种方式提高实际管理部门间的配合。

3.6 对湖南省节水型社会建设的建议

(1)强调水资源的节约观念。

水是生命之源、生态之基、生产之要,是基础性的自然资源和战略性的经济资源,是生态环境的控制性要素,与地下的矿藏和地上的森林一样,同属国家有限的宝贵资源。湖南省区域性、季节性缺水比较突出,且随着经济社会的发展,水质性缺水问题日益严重,水资源问题越来越成为经济社会可持续发展的制约瓶颈。强化资源观念,突出水资源的节约保护,把节约用水贯穿于经济社会发展和群众生产生活的全过程。

坚持水量与水质并重,节约与保护并举。对于湖南省来说,重点是在强化工业、生活用水定额和计划用水管理的同时,大力推进农业节水,加快大中型灌区的节水改造,推广管道灌溉等高效节水灌溉技术。

(2)加强水资源开发利用的全过程一条龙管理。

水资源的取用排水过程是相互制约的,建议强化水资源开发利用的全过程管理,争取水源保护、取水、用水、排水、污水处理一条龙管理,充分发挥各相关部门的专业优势,凝聚各方面的资源优势,建议通过建立统一管理平台、拟定统一管理办法、加强管理过程中的有效沟通,减少重复管理,并避免管理工作中的冲突障碍,发挥各部门所长,互通有无,建立高效有序的涉水部门协调协商工作机制。

(3)进一步推进水价、水权等水资源有偿使用制度的落实。

多年来,由于湖南省水资源总量相对丰富,人们对水的商品观念淡薄,无偿或低价供水长期普遍存在,导致用水浪费严重,水污染加剧。建议在已制定的《湖南省城市供水价格管理办法》《关于加快城市供水价格改革有关问题的通知》等基础上,强化水资源有偿使用制度的落实。加大水资源费的征收力度,扩大征收范围,提高征收标准,要发挥好价格调控作用,进一步完善水价机制,建立健全超定额和超计划用水累进加价用水制度,完善水资源费征收与水价联动机制。同时,加强水权制度建设,总结长沙县江背镇开展水权交易试点的经验,结合湖南省的实际,探索建立基于区域之间、基于行业之间或基于个人之间的水权交易平台和机制,在确保总量红线控制的前提下,通过市场运作实现区域水资源的高效配置,为区域经济社会发展提供可靠的水资源支撑。

(4)加快推进水资源的流域管理。

相比于耕地、矿藏、森林等资源,水资源具有流动性、交互性特征,在水资源的循环使用过程中,流域上下游、左右岸相互影响,建议总结《湘江保护条例》的流域统一管理经验,加快推进水资源的流域管理。建议将流域管理与行政区域管理相结合,既要强化流域统筹规划和综合协调,又要充分发挥各区域行政推进落实的优势,集中力量分而治之。

(5)总结节水型单位建设的经验,加强各行业的节水建设。

湖南省农业节水仍有较大空间。建议以提高灌溉水利用率为核心,因地制宜推行节水灌溉。在经济发达地区,要与农田水利现代化建设紧密结合,适应现代化农业对水利的要求。对渗漏严重、渠坡不稳、影响输水能力的渠道,要进行硬化防渗处理。结合新农村建设,调整农业种植结构,优化配置水资源,加快建设高效输配水工程等农业节水基础设施,推广和普及节水技术,加大田间节水改造力度。

工业节水应结合产业结构调整、技术改造升级及产品的更新换代,重点抓好火电、冶金、化工等高耗水、高污染行业企业的节水技术改造。对于新建、改扩建项目,优先使用先进的节水设备,提高工业用水的利用效率和技术水平。

城镇生活节水发展既有水量问题,又有水质问题,促进节水需求发展的因素是多方面的。建议进一步加强节水设施的建设推广、供水管网设备的更新和改造,扩大或新增污水处理工程,进行污水管网及污水处理设施建设、改造污水处理厂、建设污水再生利用工程。

同时,建议结合海绵城市建设理念和地下综合管理建设等先进的城市建设理念,逐步提高再生水和雨水等非常规水源的利用水平,提高区域水资源的利用效率。加强城区污水处理及中水回用工程的投入,在有条件的区域发展雨水集蓄利用工程。

(6)充分发挥水资源管理考核的制约和激励功能。

湖南省水资源考核起步较早,经验较为丰富,效果也较为明显。但是现有考核也存在着一些不足。当前目标任务完成指标受计量监控等基础工作的限制,难以准确定量,建议细化优化考核指标,结合现阶段的水资源管理实际,增加能客观反映出工作开展情况的支撑材料的收集,提高考核指标对地方政府的引导作用。另外,建议建立考核激励机制,当前的考核只有处罚,没有奖励,建议各级政府都要建立水资源管理的激励机制,对考核先进者在资金、项目或政策上给予倾斜,真正实现奖优罚劣、奖惩兑现,提高节水工作的积极性。

(7)扩大全省节水宣传范围,将节水意识埋进全民心中。

建议进一步提高公众对湖南省水情的认识,转变湖南不缺水的老思想,深刻认识到水资源短缺制约经济发展的严峻形势。倡导文明的生产和消费方式,增强节水意识,强化自我约束和社会约束。每个人都应当形成良好的用水习惯。同时,要对浪费水、污染水的不良行为进行社会监督。使公众普遍接受、理解和积极参与节水型社会建设,牢固树立珍惜水、节约水、保护水的意识和依法管水、用水的观念。

3.7 小 结

本章采用综合评价法对湖南省四个节水型社会建设试点城市(长沙市、株洲市、湘潭市和岳阳市)进行了综合后评价,后评价结果长沙市为优秀,株洲市、湘潭市和岳阳市为良好。说明近年来湖南省节水型社会建设取得了一定的成效。

本次后评价的指标主要参考《节水型社会评价指标体系和评价方法》中的主要指标。节水型社会建设评价指标体系总体上由综合效率指标、农业用水指标、工业用水指标和生活用水指标构成。考虑到湖南省长期致力于水生态建设且效果显著,故增加了水生态指标。同时,考虑到由于水资源比较丰富,以前的节水意识比较薄弱,节水工作中提升全民节水意识、改变节水工作方法是各项工作的重中之重,故将节水管理类指标也放入指标体系中。

湖南省节水型社会建设的成功经验有:建立制度指标体系,并以此作为考核,保证落实实施;在总量控制的同时合理配置水资源,强化流域水资源的统一调度,统筹流域治理与保护;通过定额管理、水权试点、阶梯水价等方法提高用水效率;以点带面,以节水型城市、节水型单位示范带头,实现全民节水;强调水资源保护,修编水功能区划,核定饮用水水源地;通过计量监控体系建设保障节水社会建设的有效落实,提高水资源管理能力;加强宣传教育,提高全民节水意识。

但通过四个试点城市后评价,普遍存在"综合用水指标""生活用水指标""农业节水指标""工业节水指标"相对其他指标较低,湖南省节水还存在随着经济快速发展,城镇化进程加快,缺水形势更为严峻;用水效率不高,水资源开发利用的全过程管理配合不足等问题。

建议进一步强调水资源的节约观念;加强水资源开发利用的全过程一条龙管理;进一步推进水价、水权等水资源有偿使用制度的落实;总结节水型单位建设试点经验,加强各行业节水建设;充分发挥水资源管理考核的制约和激励功能。工业集中区,需要通过调整产业结构,淘汰高耗水和高污染工业,提高用水效益,进一步提高节水水平。丘陵区和山地区以农业为主,工业发展程度较低,单位工业产值用水量高,重复利用率低。农业上,灌溉设施陈旧,节水灌溉效率低,应通过改造、新建蓄水设施,提高供水能力,对于坡度较陡的地区,退耕还林,促使种植结构科学合理。洞庭湖等主要的粮食及其他农作物产区,用水以农业生产为主,应主要整治现有水利设施,同时新建部分水利设施以提高供水能力,并推广农业节水生产技术,减少农业用水量。

第4章　节水型社会建设分区模式研究

4.1　节水分区模式的概念与内涵

节水分区是研究水资源高效利用的主要手段之一。其目的是针对用水量大、水资源短缺的地区，通过调查研究区域自然地理条件、灌溉水平和水土资源等状况，结合相关社会经济条件和规律，判断各地区因发展而引起的水资源紧缺程度，分析研究各区水资源高效利用的方向和应采取的措施。

节水型社会建设区域类型划分涉及水利发展与社会经济发展的各个方面，节水型社会建设应该在遵循该区域的经济社会发展现状及水资源综合规划的基础上，针对不同区域的经济社会情况和水资源特征，全面规划、突出重点、逐步推进，形成各具特色的区域节水类型。节水型社会建设区域类型划分的提出，是综合区域内社会经济产业发展现状、水资源概况及缺水类型而进行的一项水利建设可持续发展的新探索。

节水类型的划分通常受到当地的水资源、水环境、水生态等基本特征及经济社会发展规模与速度、用水与污染排放的总量与结构、水利设施水平及节水潜力等多方面因素的影响。在节水型社会建设区域类型的划分上可以从多种不同角度进行，一般包括区域水资源状况、地理位置、经济发展水平、产业结构、缺水类型、供水类型等因素，另外一些地区存在特殊情况，例如气候条件极端、生态破坏、环境污染严重等也可以作为考虑因素。现在我国常见的节水分区模式有如下几种：

(1)从区域水资源和环境特点划分，如根据水资源总量可以划分为缺水地区、平水地区和丰水地区模式；根据缺水的原因可以分为工程型缺水、管理型缺水、水质型缺水和资源型缺水模式；根据水资源结构可以划分为以地表水为水源和以地下水为主要供水水源的节水模式。

(2)从经济发展水平和经济结构角度划分，如根据经济发展水平，可以划分为经济发达地区、经济中等发达地区、经济落后地区的节水型社会建设模式；根据产业发展特点可以划分为传统农业经济区和工业经济区；根据产业结构特征，可以划分为一产主导、二产主导及三产主导模式。

(3)根据地理区位条件进行划分，如可以划分为西北、华北、西南、华南、东北等区域模式；也可以划分为南方、北方区域模式或东部、西部和中部区域模式。

(4)根据节水型社会建设的侧重点进行划分，有工程手段主导、管理手段主导和经济手段主导的建设模式。

(5)根据水资源、生态和环境问题的特点，可以划分为缺水地区、生态破坏区和环境污染严重地区。

(6)从能够较好实现区域节水型社会建设目标的有代表性的基层管理实践方式来

说,基于当前我国节水型社会建设的实践,可分为灌区模式、企业模式、城市模式等。

目前,全国各地均在积极探索各具特色的节水型发展模式。华北地区突出总量控制、节水压采;西北能源化工基地推进水权转换、节水增效;东南沿海经济发达地区着重推行清洁生产、节水治污;东北地区结合转型升级、节水增粮;南方丰水地区严格准入门槛、节水减排。节水技术从着眼于"节约"转向系统性资源回收和循环再利用,由单一设施、单一技术使用向用水系统集成优化、智能化方向发展;西北缺水地区重点开展污水深度处理,将再生水、收集的雨水等用于生产及生态环境改善等。

不同区域水资源的天然禀赋、开发利用程度不同,社会经济发展水平存在差异,节水型社会建设区域类型应有不同。总体上看,节水型社会建设既要服从宏观上的系统规划,又要服从区域内相关因素的微观限制。节水分区应基于节水型社会建设的内容、范围与层次,在国家模式理念的指导下,结合区域经济社会及水资源特点,并且应遵循"清晰反映节水思路、突出区域建设重点、划分标准易量化"的原则。

4.2 湖南省现有的各类分区方案

湖南省出台的各类文件中,依据不同的分区原则,将湖南省进行分区。现有的分区方案有:

(1)2011 年编写的《湖南省水环境功能区划》中根据湖南省主要水系自然环境、社会经济状况及水资源开发利用状况,按照水功能区划原则和方法,将河流、水域总共划分出 240 个一级水功能区,并在一级区划中的 92 个开发利用区进行二级区划划分,共划分二级水功能区 186 个。

(2)2008 年湖南省水文水资源勘测局在其编写的《湖南省水资源评价报告》中,以水资源中地表水的区域形成(流域、水系)为主,考虑供需系统及行政区域,兼顾当地水资源条件及经济条件,进行了水资源分区。

(3)2014 年,湖南省质量技术监督局发布了最新的《湖南省用水定额》,通过水稻灌溉定额等值线图等进行综合分析,按照灌溉定额值的分布规律,结合地貌特征,按照"归纳相似性、区别差异性、照顾行政区界"总原则,将农业用水灌溉分区分为湘西北山区、湘西南山丘区、洞庭湖及环湖区、湘中山丘区、湘东南山区 5 个区。

(4)2016 年湖南省第十二届人民代表大会第五次会议批准《湖南省国民经济和社会发展第十三个五年规划纲要》(简称《纲要》),《纲要》中按水资源禀赋及水资源生态环境压力、区域水资源需求等,将湖南省分为长株潭、洞庭湖、湘中、湘南、湘西等五个大区;按照城镇化战略格局,将湖南省分为长株潭城市群和湘南、洞庭湖、大湘西三大城市群;按照"一圈三区"农业战略格局,将湖南省分为长株潭都市农业圈、洞庭湖平原现代农业示范区、大湘南丘陵农业区、大湘西山地生态农业区。按照"一核两带三组团"城镇化战略格局,推进产业发展,将湖南省分为长株潭(23 个县市区)、大湘西(湘西、娄底、邵阳 41 个县市区)、湘南(衡阳、永州、郴州 34 个县市区)、洞庭湖区(岳阳、常德、益阳、望城区等 25 个县市区)四大板块。

(5)2017 年,湖南省水利厅发布了《节水型社会建设"十三五"规划》的通知,通知根据湖南省不同地区水资源禀赋及水资源和生态环境的压力负荷,未来区域水资源需求、节水潜力及区域水资源调配和可持续发展对节约用水的要求,将湖南省分为长株潭地区、洞庭湖区、湘中地区、湘南地区和湘西地区五大区,对应分区确定节水型社会建设的重点方向和任务。

4.2.1　湖南省现有各类分区方案简介

4.2.1.1　《湖南省水环境功能区划》

2011 年编写的《湖南省水环境功能区划》中根据湖南省主要水系自然环境、社会经济状况及水资源开发利用状况,按照水功能区划原则和方法,进行区划的河段总长 8 234.8 km,洞庭湖水域面积 2 597 km^2,总共区划分出 240 个一级水功能区(包括河流型 237 个、湖泊型 3 个);其中,保护区 24 个,保留区 106 个,缓冲区 18 个,开发利用区 92 个。二级区划是在一级区划中开发利用区进行的,92 个开发利用区共划分二级水功能区 186 个,区划河长 1 936.4 km(注:因有 9.2 km 开发利用区河段在进行二级区划时分左右岸,因此区划河长比开发利用区河长 1 927.2 km 长了 9.2 km);其中,饮用水源区 88 个,工业用水区 77 个,景观娱乐用水区 8 个,过渡区 13 个。全省一、二级水功能区合并总计 334 个(开发利用区不重复统计)。具体区划情况如下。

1.一级区划

一级区划的河段总长 8 234.8 km,洞庭湖水域面积 2 597 km^2,总共区划分出 240 个一级水功能区,包括保护区、缓冲区、开发利用区、保留区四种功能类型。

2.二级区划

在一级区划的 92 个开发利用区进行二级区划,共划分为 186 个二级水功能区,区划河长 1 936.4 km。二级区划根据功能不同,分为饮用水源区、工业用水区、农业用水区、渔业用水区、景观娱乐用水区、排污控制区、过渡区,共 7 种功能区。

区划情况见表 4-1 及图 4-1。

表 4-1　湖南省水功能一级区划概况(个数)

水系	河流、湖泊	小计	保护区		缓冲区		开发利用区		保留区	
			个数	百分数(%)	个数	百分数(%)	个数	百分数(%)	个数	百分数(%)
洞庭湖	湘江流域	91	8	8.8	3	3.3	40	44.0	40	44.0
洞庭湖	资水流域	22	2	9.0	1	5.0	10	45	9	40.9
洞庭湖	沅水流域	61	4	6.6	5	8.2	24	39.3	28	45.9
洞庭湖	澧水流域	22	5	22.7	1	4.5	8	36.4	8	36.4
洞庭湖	汨罗江	6	1	16.7			2	33.3	3	50.0
洞庭湖	新墙河	3					2	66.7	1	33.3
洞庭湖	洞庭湖区	27	3	11.1	7	25.9	2	7.4	15	55.6
洞庭湖水系合计		232	23	9.9	17	7.3	88	37.9	104	44.8

续表 4-1

水系	河流、湖泊	小计	保护区		缓冲区		开发利用区		保留区	
			个数	百分数(%)	个数	百分数(%)	个数	百分数(%)	个数	百分数(%)
长江	长江干流	4					3	75.0	1	25.0
珠江	北江(武水)	4	1	25	1	25.0	1	25.0	1	25.0
合计		240	24	10.0	18	7.5	92	38.3	106	44.2

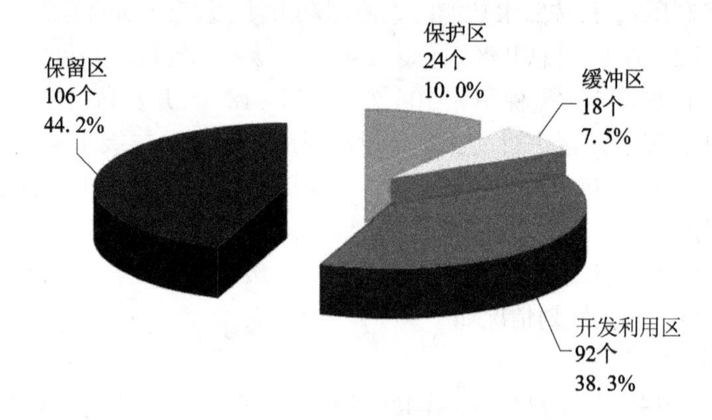

图 4-1　一级水功能区划概况

4.2.1.2　《湖南省水资源评价报告》中的水资源分区

2008 年湖南省水文水资源勘测局在其编写的《湖南省水资源评价报告》中，以水资源中地表水的区域形成(流域、水系)为主,考虑供需系统及行政区域,兼顾当地水资源条件及经济条件,进行了水资源分区,全省评价区共分 2 个一级区、6 个二级区、13 个三级区。地跨长江流域和珠江流域两个一级区,其中长江流域部分划分为洞庭湖水系、宜昌至湖口、鄱阳湖水系等 3 个二级区,珠江流域部分划为红柳江、西江、北江等 3 个二级区。洞庭湖水系二级区又划为 8 个三级分区,分别是:澧水区,沅江浦市以上、沅江浦市以下、资水冷水江以上、资水冷水江以下,湘江衡阳以上、湘江衡阳以下、洞庭湖环湖区。在 13 个三级区的基础上,细化为 48 个四级区。湖南省水资源行政分区多年平均水资源总量成果见表 4-2,湖南省水资源分区见表 4-3。

表 4-2　湖南省水资源行政分区多年平均水资源总量成果

序号	行政县(市)	面积(km^2)	多年均值(亿 m^3)	产水模数(万 m^3/km^2)
1	长沙市	11 819	96.19	81.4
2	株洲市	11 262	102.3	90.8
3	湘潭市	5 007	37.66	75.2
4	衡阳市	15 282	109.4	71.6
5	邵阳市	20 830	160.6	77.1

续表 4-2

序号	行政县(市)	面积(km^2)	多年均值(亿 m^3)	产水模数(万 m^3/km^2)
6	岳阳市	14 898	105.3	70.7
7	常德市	18 187	134.2	73.8
8	张家界	9 517	86.21	90.6
9	益阳市	12 325	101.6	82.4
10	郴州市	19 316	164.4	85.1
11	永州市	22 255	193.7	87.0
12	怀化市	27 561	202.9	73.6
13	娄底市	8 108	68.98	85.1
14	湘西自治州	15 462	125.3	81.0
	全省	211 829	1 689.0	79.8

表 4-3　湖南省水资源分区

水资源分区名称				水资源分区代码	总面积(km^2)	计算面积(km^2)
一级	二级	三级	四级			
长江	洞庭湖水系	澧水	4	F070100	15 505	
			溇水中下游	F070120		2 822
			澧水中上游区	F070130		6 213
			渫水区	F070140		3 167
			涔、道水等小水系	F070150		3 303
		小计				15 505
		沅江浦市以上	6	F070200		
			渠水区	F070220		6 248
			巫水区	F070230		4 205
			㵲水中下游区	F070250		4 877
			辰水中下游	F070260		3 629
			溆水区	F070270		3 329
			公溪河等小水系	F070280		3 700
		小计				25 988
		沅江浦市以下	5	F070300		
			酉水中下游左岸区	F070340		5 616
			酉水中下游右岸区	F070350		4 744
			武水区	F070360		4 147

续表 4-3

水资源分区名称				水资源分区代码	总面积（km^2）	计算面积（km^2）
一级	二级	三级	四级			
长江	洞庭湖水系	沅江浦市以下	五强溪以上小支流	F070370		5 376
			五强溪以下小支流	F070380		6 056
		合计			51 927	25 939
		资水冷水江以上	4	F070400		
			夫夷水中下游	F070420		3 244.69
			赧水	F070430		7 091.78
			邵水区	F070440		2 052.1
			石马江区	F070450		2 443.65
		小计				14 832.22
		资水冷水江以下	2	F070500		
			柘溪库区诸水系	F070510		6 165
			柘溪以下等小水溪	F070520		5 742
		合计			26 738	11 907
		湘江衡阳以上	9	F070600		
			潇水上中游	F070620		9 382.4
			潇水下游	F070630		2 494.1
			衡阳以上左岸小支流	F070640		6 833.3
			衡阳以上右岸小支流	F070650		4 043.5
			舂陵水上游区	F070660		3 539.6
			舂陵水中下游区	F070670		3 360.7
			耒水上游	F070680		8 892.1
			耒水中下游	F070690		2 987.1
			蒸水	F0706A0		4 605.0
		小计				46 137.8
		湘江衡阳以下	7	F070700		
			涓水	F070710		3 998.2
			涟水	F070720		7 137.5
			沩水	F070730		4 325.7
			渌水中下游	F070750		5 293.3
			洣水上中游	F070760		6 577.4

续表 4-3

水资源分区名称				水资源分区代码	总面积（km²）	计算面积（km²）
一级	二级	三级	四级			
长江	洞庭湖水系	湘江衡阳以下	洣水下游及永乐江	F070770		4 475.9
			浏阳河、捞刀河	F070780		7 437.6
		合计			85 383	39 245.6
		洞庭湖环湖区	1	F070800	25 061	25 061
			汨罗江	F070810		5 494.95
			新墙河	F070820		2 358.73
			荆南四河区	F070830		588
			西洞庭湖水系区	F070840		3 484.25
			南洞庭湖水系区	F070850		2 775.7
			湖区	F070860		10 359.7
		小计				2 5061
	宜昌至湖口	城陵矶至湖口右岸		F100400		
		小计	黄盖湖		1 410	1 410
	鄱阳湖			F090000		
		赣江栋背以上	赣江栋背以上	F090200		688
珠江	红柳江			H000000		
		柳江	柳江	H020200		667
	西江			H040000		
		桂贺江	桂贺江	H040100		765
	北江			H050000		
		北江大坑口以上	北江大坑口以上	H050100		3 685
		小计			5 805	5 805
合计					211 829	

4.2.1.3　《湖南省用水定额》中的农业灌溉分区

2014 年，湖南省质量技术监督局发布了最新的《湖南省用水定额》，通过水稻灌溉定额等值线图等进行综合分析，按照灌溉定额值的分布规律，结合地貌特征，按照“归纳相似性、区别差异性、照顾行政区界”总原则，将农业用水灌溉分区分为湘西北山区、湘西南山丘区、洞庭湖及环湖区、湘中山丘区、湘东南山区 5 个区。具体分区见表 4-4。

表 4-4 《湖南省用水定额》中农业用水灌溉分区

分区	名称	所辖县级行政区
Ⅰ区	湘西北山区	吉首市、凤凰县、古丈县、永顺县、龙山县、保靖县、花垣县、新晃县、麻阳县、芷江县、桑植县、永定区、武陵源区、慈利县、石门县、靖州县、通道县、洪江市、洪江区、鹤城区、会同县、中方县
Ⅱ区	湘西南山丘区	泸溪县、溆浦县、沅陵县、辰溪县、绥宁县、城步县、新宁县、洞口县、东安县、道县、双牌县、冷水滩区、江华县、江永县、蓝山县、新田县、宁远县、嘉禾县、桂阳县、临武县、武冈市
Ⅲ区	洞庭湖及环湖区	安乡县、津市市、临澧县、澧县、汉寿县、南县、临湘县、华容县、湘阴县、汨罗市、岳阳县、沅江市、长沙县、望城区、宁乡县、桃源县、安化县、桃江县
Ⅳ区	湘中山丘区	湘潭县、湘乡市、韶山市、涟源市、娄星区、双峰县、安仁县、攸县、茶陵县、醴陵市、株洲县、衡阳县、衡南县、南岳区、衡东县、耒阳市、常宁市、衡山县、邵东县、新化县、冷水江市、隆回县、邵阳县、新邵县、祁阳县、祁东县
Ⅴ区	湘东南山区	平江县、浏阳市、炎陵县、桂东县、资兴市、苏仙区、汝城县、宜章县、永兴县

4.2.1.4 《湖南省国民经济和社会发展第十三个五年规划纲要》中的四大板块分区

2016 年湖南省第十二届人民代表大会第五次会议批准《湖南省国民经济和社会发展第十三个五年规划纲要》中，将湖南省分为四大板块（见表 4-5）。以有度有序利用自然，调整优化空间结构，推动形成以“一核两带三组团”为主体的城镇化战略格局，以“一圈三区”为主体的农业战略格局，以“一湖三山四水”为主体的生态安全战略格局，引导人口、经济向适宜开发区域集聚，保护农业和生态发展空间。

表 4-5 四大板块涵盖范围及发展方向

板块名称	涵盖范围	发展方向
长株潭地区	包括长沙市、株洲市、湘潭市，共 23 个县市区，总面积 2.8 万 km^2	重点发展先进装备、智能制造、新一代信息技术、新材料、生物医药、节能环保、现代物流、现代金融、文化创意等产业
大湘西地区	包括湘西自治州、怀化市、张家界市、邵阳市、娄底市，共 41 个县市区，总面积 8.15 万 km^2	重点发展优质农产品精深加工，生态文化旅游、中医院、健康养老、商贸物流等产业
湘南地区	包括郴州市、衡阳市、永州市共 34 个县市，总面积 5.69 万 km^2	重点发展有色金属精深加工、精密模具、电子信息、轻工制造、红色旅游等产业
洞庭湖地区	包括岳阳市、常德市、益阳市和长沙市望城区，共 25 个县市区，总面积 4.68 万 km^2	重点发展棉麻纺织、食品加工、船舶制造、港口物流、能源石化等产业

4.2.1.5 《节水型社会建设“十三五”规划》中的节水型社会建设分区

2017年,湖南省水利厅发布的《节水型社会建设“十三五”规划》中,根据湖南省不同地区水资源禀赋及水资源和生态环境的压力负荷,未来区域水资源需求、节水潜力及区域水资源调配和可持续发展对节约用水的要求,按照长株潭地区、洞庭湖区、湘中地区、湘南地区和湘西地区五大区,分区确定节水型社会建设的重点方向和任务。

长株潭地区主要包括长沙、株洲和湘潭地区,是湖南省主要政治、经济和人口发展中心。区域经济发展迅速,水资源开发利用程度较高,水资源较为紧缺。其区域发展战略是“以结构调整促节水”。通过优化供用水结构,大力推进节水型社会建设,严格控制新增取水项目审批,降低水资源消耗总量和强度。通过优化产业布局和结构,压减过剩产能,发展循环经济,推进清洁生产。通过推进城镇节水改造,加大污水再利用和雨水集蓄等非常规水源利用力度。

洞庭湖区主要包括岳阳、常德和益阳地区,是湖南省现代化生态经济发展建设的先行地区。该区域城镇化率相对较高,水资源量丰沛,但水污染问题突出,部分地区未来用水增长空间有限。其区域发展战略是“节水与治污并重”。围绕《洞庭湖生态经济区规划》发展要求,通过强化节水,促进产业升级换代。加强高耗水行业节水改造,推进火电、核电直流冷却水循环改造,重点改造已有灌区,因地制宜推广渠道衬砌技术,适度发展管道输水技术。结合水资源承载能力和城镇化布局,合理调整灌溉面积。加强湖区畜禽水产养殖污染防治,加快推进湖区畜禽渔养殖环境治理和矮围网围清理工作。

湘中地区主要包括衡阳、邵阳、娄底地区,是湖南省的重要能源基地。区域水资源短缺,生态环境相对脆弱,生产和生态环境用水矛盾尖锐。其区域发展战略是“以水定发展”。以区域水资源承载能力为控制,加强水资源节约集约利用,促进资源环境逐步休养生息。积极推进城镇节水改造,建设一批节水型城市。严控高耗水行业发展,新建项目或转移产能必须配套先进节水工艺和设备。在重点行业推广空冷、一水多用等节水技术改造,发展循环经济。积极推广污水再生利用工程建设,加强中水回用和雨水集蓄利用。

湘南地区主要包括郴州、永州地区,是湖南省重要的生态屏障区。该区域经济发展相对滞后,水资源丰沛,水资源开发利用率较低,水生态环境保护较好,水土资源开发利用潜力较大。其区域发展战略是“促进人水和谐”。加快水利基础设施建设,通过节水促进产业发展水平提升,带动特色农业规模化发展。积极支持城镇节水改造,建设一批节水型城市。重点改造已有灌区,完善灌排设施,扩大灌溉面积,提高耕地灌溉率。

湘西地区主要包括怀化、湘西和张家界地区,是重要的生态屏障区,该区域经济发展相对滞后,水资源较丰富,水质污染较少,水资源利用效率不高。其区域发展战略是“着力提高用水效率”。推进城市老旧供水管网改造,降低漏损。推进城镇污水处理再利用,提高水资源的重复利用率。大力实施城镇节水改造,建设一批节水型城市示范。推进规模化节水增粮,对集中连片的地区发展高效节水灌溉。加强节水灌溉和“五小水利”工程建设,重点支持贫困地区基本口粮田和特色林果业规模发展,提高农业综合生产能力。

4.2.2 湖南省现有各类分区方案对比分析

分析湖南省现有的各种分区:《湖南省水环境功能区划》中的水功能区划,主要考虑的是水系自然环境、社会经济状况及水资源开发利用状况;《湖南省水资源评价报告》中的水资源分区,主要考虑的是水资源供需情况;《湖南省用水定额》中的农业灌溉分区,主要考虑的是农业灌溉情况、综合水稻灌溉定额;《湖南省国民经济和社会发展第十三个五年规划纲要》四大板块分区中主要考虑的是湖南省社会经济发展情况;《节水型社会建设"十三五"规划》中的分区,主要考虑的是可持续发展对节约用水的要求。这些现有分区中,普遍存在如下几个问题:

(1)湖南省现有的各类分区方式,主要是以定性指标为依据,未有明确的定量指标。

(2)分区方式较为固定,若某地区经济发展、水资源状况、生态环境有所变化,难以根据变化情况及时调整。

(3)分区模式有很强的湖南省地域特色,难以被借鉴推广。

湖南省现有分区方案对比分析见表4-6。

表4-6 湖南省现有分区方案对比分析

分区性质	主要来源	分区情况	特点
水功能区划	《湖南省水环境功能区划》	划分一级水功能区240个,二级水功能区186个	考虑了水系自然环境、社会经济状况及水资源开发利用状况、水功能区划划分原则。 侧重于各分区的水功能
水资源分区	《湖南省水资源评价报告》	醴水;沅江浦市镇以上、浦市镇以下;资水冷水江以上、冷水江以下;湘江衡阳以上、衡阳以下;洞庭湖环湖区等	参考主要水系行政区分布、地形地貌、国民经济发展、流域面积大小等因素。 主要考虑的是水资源禀赋,对于水资源利用效率,以及工业、农业等用水情况不同之处考虑较少
农业用水灌溉分区	《灌溉定额修编》	湘西北山区(22个县市)、湘西南山地区(22个县市)、洞庭湖及环湖区(21个县市)、湘中山丘区(26个县市)、湘东南山区(9县市)	按照水稻灌溉定额值的分布规律,结合地貌特征,进行分区。 主要考虑的是农业灌溉用水情况,缺乏其他行业情况
产业四大板块	《"十三五"国民经济与社会发展规划纲要》	长株潭、大湘西、湘南、洞庭湖	主要考虑的是区域经济及行业的发展情况,指导各区域未来的发展方向。 不足之处在于偏定性,缺少定量指标
"十三五"节水规划	《"十三五"节水规划分区》	长株潭、洞庭湖、湘中、湘南、湘西地区五个大区	按水资源禀赋及水资源生态环境压力、区域水资源需求进行分区。 不足之处在于偏定性,缺少定量指标

4.3　湖南省节水型社会建设分区模式研究

4.3.1　节水型社会建设分区的目的与意义

节水型社会建设旨在通过政治、经济、社会、技术和文化等措施，建立水资源全过程用水管理制度体系，最终实现把水资源的节约和保护贯穿于国民经济发展和群众生产生活的全过程中，所以节水型社会建设是一项涉及全社会各层面的综合性系统工程，决不可能一蹴而就，也不可能一劳永逸，而是一个分期、分类、分级逐步建设的过程。我国各地水资源条件和问题不尽相同，经济发展水平和产业类型各异，各区域水资源开发中存在的问题也有差异，节水型社会建设，需要针对实际需求，因地制宜，突出重点，开发建设。因此，采用同一标准来对节水型社会建设水平进行评价是不科学的，应按不同区域、不同行业来对不同时期的建设水平进行评价，以科学评价区域建设水平，明确建设重点，提出有针对性的建设措施和方案。

湖南省地形地貌复杂，区域水资源的自然条件、水资源开发利用现状、水利建设特点、经济结构、城市规模与类型、社会经济发展阶段存在明显差异。上述这些特征决定了湖南省区域节水型社会建设在遵循区域社会经济和水资源综合资源规划的基础上，应针对不同地区的自然、社会经济特点全面规划、分步实施、突出重点、逐步推进，形成各具特色的建设模式。相应的节水型社会建设试点必须根据当地的水资源条件和社会经济发展的不同特点，建立有所侧重的建设目标、内容与措施，使节水型社会建设真正落到实处。

“十三五”期间是我国节水型社会建设稳步发展时期。节水型社会建设分区的探讨，对于系统整理当前节水型社会建设的基本经验、推动节水型社会建设不断深化具有较为重要的指导意义。定期对节水型社会建设试点的状况进行评估，并进行新的类型区识别是制定节水型社会战略方针的重要工作。此外，随着节水型社会建设试点工作的加强，节水型社会建设基础数据和信息的获取能力将得到改善，节水型社会建设区域模式识别的依据、指标、分析方法也需要进行动态更新。

4.3.2　本研究中节水型社会建设分区的主要原则

湖南省不同地区经济社会发展程度相差较大，水资源条件相差也较大，供需矛盾和节水需求相差悬殊，产业结构、水资源分布均差异较大，节水型社会建设的目的、目标和任务也有所不同，建设重点也不一样，分区需考虑的因素较多。单一目标对全省节水型社会建设进行评价是不科学的，应针对不同地区、不同产业的特点，分别建立评价指标，最终进行统一比较，并实现全省总控。

本书中的分区在总原则“清晰反映节水思路、突出区域建设重点、划分标准易量化”的基础上遵循如下几个原则：

(1)在“三条红线”的范围内。

(2)结合《湖南省节水型社会建设“十三五”规划》,根据湖南省现在产业发展重点,着重农业、工业分区。

(3)参考经济发展情况和产业侧重不同,重点考虑水资源供需矛盾和节水需求的不同。

(4)同地区水资源禀赋及水资源和生态环境的压力负荷。

(5)考虑到行政区划,同时由于收集到的数据的限制,暂以地级行政区为分区单元,未来可推广至县级、乡镇。

(6)力求兼顾未来的发展,考虑节水潜力和可持续发展对节约用水的要求。

(7)定量分区,以求易于推广,为未来推广至县区、乡镇做准备。

4.3.3 农业节水分区方案研究

4.3.3.1 农业节水分区指标选取

按照一致性原则,即地理、地貌等自然地理特征基本一致,气候、水资源条件、农业种植结构、灌区特点基本一致;差异化原则,即在省级层面上既要体现自然地理等空间差异化特征,又要体现水资源、农业种植结构的差异化特征;完整性原则,即以市级行政单元为分区基本单元,适当考虑流域水系的完整性;主导因子原则,即考虑农业节水的主要因素和特征,选取相应指标。

同时,本书中分区指标的选取,力求能够满足全面性、概括性、易于或能够取得的要求。本方案参考中国农业科学院农业自然资源和农业区划研究所拟定的地貌形态指标及《中国自然区划概要》中的大地形单元划分标准和《中国水利区划》及《湖南省农业统计年鉴》《湖南省水资源调查评价》中的数据,根据节水型农业的特点,拟采用地貌形态指标 L、复种指数 F、稻田比例 D、缺水程度 B、产水模数 E 等五项指标。

1.地貌形态指标 L

地貌是农业分区的重要因素。地势的起伏不仅直接影响光、热、水的再分配,也影响农、林、牧用地的分布和灌排系统的布局及灌溉的难易程度,在一定程度上决定着农业的生产方式、结构特点和发展方向。如地势起伏小,越有利于集中连片种植,越易于修建大型的灌溉工程,适宜发展渠道防渗、低压管道输水等节水灌溉技术。而在丘陵坡地,由于地势起伏大,耕地不易集中连片,发展灌溉就比较困难,适宜发展喷灌和微灌技术等。

参照中国农业科学院农业自然资源和农业区划研究所拟定的地貌形态指标及《中国自然区划概要》中的大地形单元划分标准和《中国水利区划》,以相对高度为主,同时考虑绝对高度和湖南省的地貌特点,确定全省分为山地、丘陵、洞庭湖平原4种地貌形态。粗略地考虑大的地貌地形类型对土壤养分、水分状况可能造成的影响,洞庭湖平原区的影响系数为1.0,丘陵为0.8,山地为0.7。

2.复种指数 F

多熟种植是一种集约化种植制度,指的是一年内在同一块土地上同时或先后种植两种或两种以上作物的做法。扩大耕地增产粮食从可持续发展的角度来看不大可能,提高耕地的复种指数是我们目前唯一的出路。复种指数的大小,可以在一定程度上反映出该地区在粮食生产上用水的多少。

该指标直接采用湖南省农业统计年鉴提供的数据，$F<180\%$为一熟制区，$F=180\%$为两熟制区，$F=250\%$为两熟半制区。

3.稻田比例 D

湖南省是我国水稻的主要产区之一，而水稻又是需水量最多的作物。将稻田比例作为农业节水分区的指标，明确了在农业水资源利用中，应该将水稻生产用水作为开展节水农业的一个重点去研究。稻田比例 D 的表示方法为

$$D=\text{水田面积}/\text{耕地面积} \tag{4-1}$$

式中：$D\geqslant60\%$为稻田主作区，$40\%\leqslant D<60\%$为稻旱混作区，$D<40\%$为旱地主作区。

4.缺水程度 B

缺水程度是直接反映某地区灌溉水资源量丰缺程度的指标，是影响选择节水灌溉措施最主要的因素。灌溉水资源紧缺，该地区发展灌溉的难度必然大。要扩大灌溉面积，保持农作物稳产、高产，需要采用高效的节水灌溉措施；相反，灌溉水资源很丰沛，发展节水灌溉就不会很迫切，即使发展也会选择那些投入少的节水灌溉措施。

缺水程度可用耕地面积上的农业用水量与农业需水量的比值 B 来表示其与缺水程度的关系，见表 4-7，即

$$B=W_y/W_s \tag{4-2}$$

式中：W_y 为农业用水量；W_s 为农业需水量。

表 4-7　B 大小的关系与缺水程度

$B<1$	$1\leqslant B<1.5$	$1.5\leqslant B<3$	$B\geqslant3$
极缺水区	缺水区	微缺水区	不缺水区

W_y 采用《湖南省水利统计年鉴》提供的农业用水量；W_s 为综合作物需水量与农村人畜饮水量之和。

作物需水量是指作物生长在适宜土壤水分条件下，正常生长取得最大产量时，其棵间蒸发（水面或土壤）量、植株蒸发量与组成植株体的水量之和。由于组成植株体的水量与植株蒸腾量、棵间蒸发量相比很小，可以忽略，所以作物需水量一般指蒸发量、蒸腾量之和。根据大量灌溉试验资料分析，作物需水量的大小与气象条件（辐射、温度、日照、湿度、风速）、土壤水分状况、作物种类及其生长发育阶段、农业技术措施、灌溉排水措施等有关。这些因素对需水量的影响是相互联系的，也是错综复杂的，目前尚不能从理论上精确地确定各因素对需水量影响的程度。在缺乏有关专门灌溉试验站、专业试验机构和仪器设备的情况下，也可以利用一些经验公式计算出作物全生长期或某一阶段的需水量。

依据《湖南省农业统计年鉴》提供的各种作物面积和湖南省水利厅提供的各种作物用水定额，再计算出的粮食作物总需水量、经济作物总需水量，二者之和就是综合作物需水量，以此作为缺水程度的评价标准，即

$$W_s=W_f+W_c+W_{pa} \tag{4-3}$$

式中：W_f 为主要粮食作物灌水量，包括水稻、玉米、小麦、红苕等作物；W_c 为主要经济作物

灌水量，包括油菜、蔬菜、花生、棉花、果树等作物。另外，根据 2014 年《湖南省水资源公报》中湖南省人均生活用水量，农村为 89 L/d，由各市的农业人口计算，可得到农村人畜用水量 W_{pa}。

5.产水模数 E

产水模数能反映出某地区水资源量的多少，有的地区产水模数很高，但是水资源的利用情况却不太理想，比如张家界，其产水模数为 90.6，居全省第二，仅次于株洲(90.8)。其水资源较丰富，水质污染较少，但是由于其经济发展相对滞后，水资源利用效率不高，故在分区指标中加入产水模数来考虑各地区水资源利用情况。

本计算中的产水模数参考湖南省水文水资源勘测局于 2008 年编写的《湖南省水资源调查评价》中的数据，较为真实可靠。

4.3.3.2　农业节水分区指标计算

本书中农业节水分区指标的计算采用的是层次聚类分析法，其基本思想是，在聚类分析之初，每个样本自成一类；然后，按照某种方法度量所有样本之间的亲疏程度，并把其中最亲密或最相似的样本首先聚成一小类；接下来，度量剩余的样本和小类之间的亲疏程度，并将当前最亲密的样本或小类再聚成一类；再接下来，度量剩余下的样本和小类或小类和小类间的亲疏程度，并将当前最亲密的样本或小类再聚成一类；如此反复，直到所有的样本分别聚成一类。具体的步骤如下。

1.数据标准化

层次聚类分析中，将所要进行分类的对象作为样本，样本所具有的特性是进行分类的依据，设共有 n 个样本，m 个特征指标，则构成以下原始矩阵：

$$\begin{bmatrix} X_{11} & X_{12} & \cdots & X_{1m} \\ X_{21} & X_{22} & \cdots & X_{2m} \\ \vdots & \vdots & & \vdots \\ X_{n1} & X_{n2} & \cdots & X_{nm} \end{bmatrix} \tag{4-4}$$

有了原始矩阵，还不能马上进行聚类分析，因为 m 个特性指标的量纲和数量级都不相同，在运算中可能突出某数量级特别大的特性指标对分类(分区)的作用，而降低甚至排除了某些数量级较小的特征指标的作用，应消除指标间数量级差异过大和具有量纲的指标，使各指标在同一层次具有可比性。具体方法就是对指标进行指数化处理，即用同一指标数列中的最大值去除以数列中的每一个指标，得到的商即为规范处理后的指标值，用下式计算：

$$E_{ii} = E_i / E_{max} \tag{4-5}$$

式中：E_{ii} 为处理后的指标值；E_i 为原始指标值；E_{max} 为指标最大值。

指标的同趋势化：将指标通过整理变换，使所有指标转化为同一方向。可规定指标大者为优(正向指标)，这就要对指标小者(负向指标)进行处理。具体可采用指标转置的方法，即大小值和求补法。用下式计算：

$$E_{ii} = E_{max} + E_{min} - E_i \tag{4-6}$$

式中：E_{min} 为指标最小值；其余符号含义同前。

2.建立层次关系(距离)矩阵

样本若有 K 个变量,则可以将样本看成是一个 K 维空间的点,样本和样本之间的距离就是 K 维空间点和点之间的距离,这反映了样本之间的亲疏程度。聚类时,距离相近的样本属于一个类,距离远的样本属于不同类。样本标准化以后,可用被分类(分区)对象间的相似程度 r_{ij}来建立层次关系矩阵,$r_{ij}=0$ 表明样本 i 与样本 j 毫不相似,$r_{ij}=0$ 表示这两个样本完全相同。

$$R=\begin{bmatrix} \gamma_{11} & \gamma_{12} & \cdots & \gamma_{1m} \\ \gamma_{21} & \gamma_{22} & \cdots & \gamma_{2m} \\ \vdots & \vdots & & \vdots \\ \gamma_{n1} & \gamma_{n2} & \cdots & \gamma_{nm} \end{bmatrix} \tag{4-7}$$

3.计算样本之间的距离

计算样本 i 与 j 之间的距离的方法很多,在本书中,拟采用欧氏距离平方法,两个样本之间欧氏距离平方是各样本每个变量之差的平方和,计算公式为

$$\text{SEUCLID}=\sum_{i=1}^{k}(x_i-y_i)^2 \tag{4-8}$$

式中:k 表示每个样本有 k 个变量;x_i 表示第一个样本在第 i 个变量上的取值;y_i 表示第二个样本在第 i 个变量上的取值。

4.3.3.3　农业节水分区计算结果

以收集的湖南省的 14 个市(州)的数据进行探讨,分析各地区节水灌溉发展的区间差异和区内的一致性,按如上所述的指标及计算方法,最终得出不同的节水灌溉区,希望能够为发展宏观决策、分类指导和制定节水灌溉发展规划提供一定的参考。

1.14 个市(州)原始指标 L、D、F、B、E 的统计计算

根据“4.3.3.1 农业节水分区指标选取”这一节内容中所选取的原始指标,统计并计算出 14 个市、州的农业节水分区 5 项原始指标值(见表 4-8)。

表 4-8　各市(州)农业节水分区原始指标值

序号	地区	地貌地形指标 L	稻田比例 D	复种指数 F	缺水程度 B	产水模数 E(万 m^3/km^2)
1	长沙市	0.8	1.205	146.00	2.04	81.4
2	株洲市	0.8	1.189	119.30	2.04	90.8
3	湘潭市	0.8	1.362	131.26	2.05	75.2
4	衡阳市	0.8	1.310	154.28	0.95	71.6
5	邵阳市	0.8	0.986	125.32	0.97	77.1
6	岳阳市	1.0	1.370	153.46	2.05	70.7
7	常德市	1.0	1.211	145.66	2.04	73.8
8	张家界市	0.7	0.455	119.74	3.10	90.6

续表 4-8

序号	地区	地貌地形指标 L	稻田比例 D	复种指数 F	缺水程度 B	产水模数 E（万 m^3/km^2）
9	益阳市	1.0	1.272	155.81	3.06	82.4
10	永州市	0.8	1.191	156.40	1.05	87.0
11	怀化市	0.7	0.593	110.80	3.05	73.6
12	娄底市	0.8	1.050	122.77	0.96	85.1
13	郴州市	0.8	0.857	116.61	1.06	85.1
14	湘西州	0.7	0.477	91.5	3.03	81.0

2.计算 14 个市、州的距离矩阵

在对计算出的指标值进行标准化后，运用欧氏距离平方法，计算出 14 个地区的距离矩阵，从中可以看出各个样本之间的距离，见表 4-9。

表 4-9　14 个市(州)距离矩阵

序号	地区	1	2	3	4	5	6	7	8	9	10	11	12
1	长沙市	0.000	0.802	0.736	0.749	0.227	0.325	0.789	0.570	0.766	0.464	0.547	0.226
2	株洲市	0.802	0.000	0.352	0.026	0.292	0.115	0.031	0.063	0.000	0.115	0.058	0.265
3	湘潭市	0.736	0.352	0.000	0.464	0.164	0.279	0.436	0.345	0.357	0.258	0.468	0.242
4	衡阳市	0.749	0.026	0.464	0.000	0.310	0.108	0.005	0.058	0.031	0.087	0.036	0.290
5	邵阳市	0.227	0.292	0.164	0.310	0.000	0.074	0.315	0.206	0.283	0.110	0.248	0.052
6	岳阳市	0.325	0.115	0.279	0.108	0.074	0.000	0.113	0.041	0.106	0.030	0.053	0.046
7	常德市	0.789	0.031	0.436	0.005	0.315	0.113	0.000	0.045	0.039	0.072	0.049	0.287
8	张家界市	0.570	0.063	0.345	0.058	0.206	0.041	0.045	0.000	0.060	0.041	0.029	0.126
9	益阳市	0.766	0.000	0.357	0.031	0.283	0.106	0.039	0.060	0.000	0.119	0.049	0.247
10	永州市	0.464	0.115	0.258	0.087	0.110	0.030	0.072	0.041	0.119	0.000	0.084	0.111
11	怀化市	0.547	0.058	0.468	0.036	0.248	0.053	0.049	0.029	0.049	0.084	0.000	0.173
12	娄底市	0.226	0.265	0.242	0.290	0.052	0.046	0.287	0.126	0.247	0.111	0.173	0.000
13	郴州市	0.982	0.101	0.695	0.031	0.508	0.238	0.036	0.148	0.113	0.000	0.020	0.179
14	湘西州	0.570	0.099	0.473	0.089	0.068	0.083	0.015	0.011	0.088	0.025	0.148	0.000

3.分析计算 14 个市(州)的分区结果

运用 SPSS 数学软件中的层次聚类分析模块，将分区指标进行计算，得出层次聚类分析的树状图(见图 4-2)，以树的形式展现聚类分析的每一次合并过程。从图 4-2 可见，14 个市(州)被分为 3 大类：

Ⅰ类行政区(节水非常紧迫区):地区序号为 4(衡阳市)、5(邵阳市))、10(永州市)和 12(娄底市)。

Ⅱ类行政区(节水较为紧迫区):地区序号为 1(长沙市)、2(株洲市)、3(湘潭市)、6(岳阳市)、7(常德市)、9(益阳市)、11(怀化市)和 13(郴州市)。

Ⅲ类行政区(节水一般紧迫区):地区序号为 8(张家界市)和 14(湘西州)。

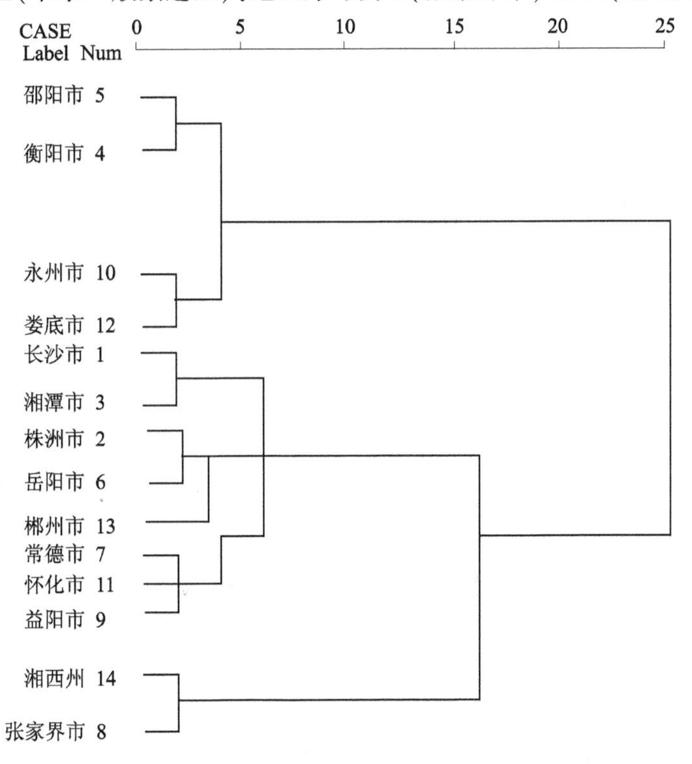

图 4-2　农业节水分区层次聚类分析树形图

4.3.3.4　农业节水分区结果分析

将农业节水分区结果与《"十三五"节水规划》中的五大节水分区进行对比,并对照湖南省水文水资源勘测局于 2008 年编写的《湖南省水资源调查评价》中的产水模数,结果如表 4-10 所示。

表 4-10　各市(州)农业节水分区与《"十三五"节水规划》中的分区对比

序号	地区	本研究得出的农业节水分区结果	《"十三五"节水规划》中的分区	水资源产水模数(万 m^3/km^2)
4	衡阳市	Ⅰ类行政区(农业节水非常紧迫区)	湘中地区	71.6
5	邵阳市		湘中地区	77.1
12	娄底市		湘中地区	85.1
10	永州市		湘南区	87.0

续表 4-10

序号	地区	本研究得出的农业节水分区结果	“十三五”节水规划中的分区	水资源产水模数（万 m^3/km^2）
1	长沙市	Ⅱ类行政区（农业节水较为紧迫区）	长株潭地区	81.4
2	株洲市		长株潭地区	90.8
3	湘潭市		长株潭地区	75.2
6	岳阳市		洞庭湖区	70.7
7	常德市		洞庭湖区	73.8
9	益阳市		洞庭湖区	82.4
13	郴州市		湘南区	85.1
11	怀化市		湘西区	73.6
8	张家界市	Ⅲ类行政区（农业节水一般紧迫区）	湘西区	90.6
14	湘西州		湘西区	81.0

Ⅰ类行政区为农业节水非常紧迫区，主要分布于湘中地区及部分湘南地区，是湖南省的干旱走廊，其区域水资源非常短缺，同时又是湖南省的重要能源基地，生态环境相对脆弱，农业发展较为滞后，水污染较为严重。故节水工作的重点是应节约农业用水，加强水利设施建设，并大力治理污染，加强该地区的水资源重复利用率。

Ⅱ类行政区为农业节水较为紧迫区，主要分布于长株潭地区和洞庭湖区及部分湘西湘南区。其中“长株潭地区”的长沙、株洲、湘潭，是湖南省主要政治、经济和文化发展中心，区域经济发展迅速，虽然当地的水资源较为丰富，但是由于各行业用水需求量均较高，故还存在一定的缺水问题，且由于人口密集，也存在一定的水污染问题。应在进一步提高其农业水效率的同时，加强节水和生态保护的宣传教育，应用群众的力量开展全民节水、全民保护水环境。

岳阳、益阳、常德在《“十三五”节水规划》中属于洞庭湖区，该区域的现代化农业普及率较高，稻田比例和复种指数均远远大于其他地区，其缺水原因主要是农业用水的需求量极其大，故应进一步提高用水效率。

郴州和怀化本身的水资源较为丰富，但农业现代化程度还不够，故其应加快水利基础设施建设、改造已有灌区、完善灌排设施、扩大节水灌溉面积，提高耕地灌溉水效率。

Ⅲ类行政区为农业节水一般紧迫区，主要分布于湘西地区，是湖南省重要的生态屏障区，水资源较丰富，水质污染较少。该区域经济发展相对滞后，且由于地理气候等因素，农业发展也较落后，应充分利用当地丰富的水资源，加强农业发展，支持贫困地区基本口粮田和特色林果业的规模发展，提高农业综合生产能力。

通过以上分析，可以得出，本书中关于湖南省农业节水的分区结果和该地区的水资源的紧缺程度有相当紧密的关系,同时和《"十三五"节水规划》也存在一致性,是较为科学合理的,且对比湖南省原有的各分区方案,本书中的分区方法,只要有相关的指标参数,均可定量得出,可推广至县、乡镇等,且分区的时候参考了农业的各方面因素,综合性强,较为科学。

4.3.4　工业节水分区

4.3.4.1　**分区指标**

工业节水分区按照主导因子原则,即考虑工业节水的主要特征,选取相应指标;一致性原则,即产业结构和工业发展水平和发展方向,工业生产基础基本一致;差异性原则,即既要体现产业类型差异,又要体现产业发展水平尤其是节水水平上的差异等原则要求,建立分区指标体系。

工业节水受到取水量、排水量、循环利用水量、工业投资等方面的影响。考虑湖南省工业节水水平,参考目前我国关于工业节水评价研究的指标体系,选取工业万元产值取水量、万元增加值取水量、单位产品取水量、工业用水重复利用率、单位工业节水投资、万元工业用水排放量共六种指标作为湖南省工业节水分区指标。

1.万元产值取水量

万元产值取水量是指平均创造万元工业产值所实际取用的水量。万元产值取水量是综合反映在一定的经济实力下的工业宏观用水水平的指标,是工业节水水平评价中最具代表性的评价指标之一。其计算公式如下:

$$Q_w = \frac{W_g}{V_g} \times 100\% \tag{4-9}$$

式中:Q_w 为评价期内工业万元产值取水量,m^3/万元;W_g 为评价期内工业取水量,m^3;V_g 为评价期内工业产值,万元。

2.万元增加值取水量

万元增加值取水量是指一个地区(或城市)中,在特定区间(一年)内工业每增加万元产值所取用的水量。计算公式为:

万元增加值取水量=(评价期内工业用水总量-评价期内工业重复用水量)/评价期内工业增加值　(单位:m^3/万元)　(4-10)

3.单位产品取水量

单位产品取水量是考核工业企业用水水平较为科学、合理的指标。单位产品取水量能客观地反映生产用水情况及工业行业或城市的实际用水水平。它也能较准确地反映出工业产品对水的依赖程度,为用水管理部门比较科学、合理地分配水量,从而为有效利用水资源提供数量依据。

4.工业用水重复利用率

工业用水重复利用率是描述工业节水水平的一个重要指标,它是指在一定的计量时间(年),生产过程中使用的重复利用水量与总用水量的百分比。其计算公式如下:

$$\eta = \frac{W_c}{W_g + W_c} \times 100\% = \frac{W_c}{W_z} \times 100\% \tag{4-11}$$

式中：η 为重复利用率(%)；W_c、W_g、W_z 分别为工业用水重复利用量、取水量和总用水量。

5.单方工业节水投资

单方工业节水投资是指一个城市中，特定的计量区间内(一年)，在工业节水方面所进行的建设项目投资(万元)与项目引起的节水量(m^3)的比值。由于节水项目的投资都是长期投资，因此在计算过程中要考虑其使用年限等因素。指标值越小，说明该城市节水水平越高，节水项目的节水效率越高，属于逆向指标。

其计算公式为

单方工业节水投资=年节水项目投资/年节水量　　(4-12)

其中，年节水项目投资包括节水项目建设投资在本年的分摊和本年该项目节水的维护费用。

6.万元工业废水排放量

万元产值废水排放量是指一个城市中，万元工业产值所排放的废水量。万元产值废水排放量的高低受以下两方面的影响：第一，城市工业结构的影响，如同产值，重工业的废水排放量一般会高于轻工业的废水排放量，但该指标可用于城市间横向工业节水评价，可以评价出一个城市的工业结构对于环境影响的高低。第二，工业废水处理技术水平的影响，在同行业下，废水处理技术水平越高，则废水排放量越小，这也和管理力度和政策有着一定的关系。

4.3.4.2　工业节水分区结果

把分区指标及对应的数据输入 SPSS 软件，按照离差平方和聚类法操作软件，经过 39 次聚类输出聚类分析树状图如图 4-3 所示。聚类计算过程比较冗长，这里不再赘述。在树状图中，聚类的全过程均以直观的方式表现出来，把类间的最大距离算作相对距离为 25，其余距离均换算成与之相比的相对距离，合并则通过线条连接的方式来表示。根据各类城市的总体特征，按节水型社会建设条件可把各类城市特点概括为三类：Ⅰ类行政区为工业型经济发达、工业节水建设基础好的重点城市；Ⅱ类行政区为有一定工业基础、经济欠发达、工业节水建设基础一般的城市；Ⅲ类行政区为工业主导型经济欠发达、工业节水建设基础较差的城市。分类结果见表 4-11。

表 4-11　湖南省工业节水分区结果

分区类型	分区类型特点	所含行政区
Ⅰ类行政区	工业型经济发达、工业节水建设基础好的重点行政区	长沙市、株洲市、湘潭市、岳阳市
Ⅱ类行政区	有一定工业基础、经济欠发达、工业节水建设基础一般的行政区	衡阳市、邵阳市、益阳市、常德市、郴州市、永州市、怀化市、娄底市

续表 4-11

分区类型	分区类型特点	所含行政区
Ⅲ类行政区	工业主导型经济欠发达、工业节水建设基础较差的行政区	张家界市、湘西州

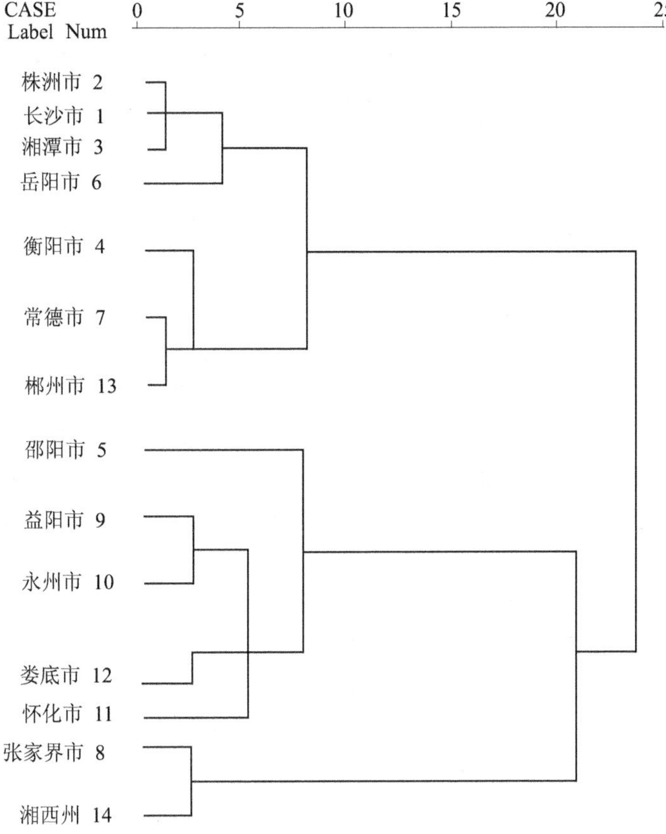

图 4-3　工业节水分区树状图

由于数据的缺乏，此次分区中未从行业结构分析，城市的几个主要行业石油化工、冶金、纺织、造纸等，都属于高耗水行业，因此行业结构对城市工业用水量有一定的影响。

4.4　节水分区建议

4.4.1　农业节水分区建议

农业节水是一个完整的体系，它以节水为中心，是灌溉节水技术、管理措施与水资源合理开发综合集成的系统工程。农业节水主要措施，除对传统农业技术进行改造外，还应加强对农业节水新技术的改造及用水管理的措施研究。节水农业区划的目的，就是要根据各区特点，分区指导农业活动的开展，使农业生产更加符合当地的实际，做到因地制宜，提高水资源利用率，创造良好的经济和社会效益。

4.4.1.1 农业Ⅰ类行政区（农业节水非常紧迫区）节水建议

农业Ⅰ类行政区主要分布于湘中地区及部分湘南地区。邵阳、衡阳、娄底、永州是湖南省的干旱走廊，其区域水资源非常短缺，同时又是湖南省的重要能源基地，生态环境相对脆弱，农业发展较为滞后，水污染较为严重。故节水工作的重点是应节约农业用水，加强水利设施建设，并大力治理污染，加强该地区的水资源重复利用率。具体的措施如下：

（1）通过渠系工程改造节水。对于渠系工程的更新改造，不仅可以使灌区工程整修完善，便于使用与管理，而且可以减少水在干支渠道的渗漏损失和无效蒸发，充分发挥水在田间的作用。另外，可采用不同类型的渠道防渗措施、采用U形渠或管道输入，减少渗漏损失。

（2）调整农业结构和布局、耕作方式。根据不同地区水资源特点，因地制宜、合理种植农作物，缺水地区应限制和压缩耗水量大的水稻生产面积，灌溉农业与旱作农业相结合，引用耐旱高产作物品种，确保水分的有效利用。

（3）因地制宜选用不同节灌技术，改善节水灌溉制度。大田作物因地制宜采用沟灌、膜上（孔）灌、小白龙灌、小畦灌，蔬菜及经济果林宜采用喷、微灌、小管灌技术。稻田采用“薄—浅—湿—晒”的灌水技术，因地制宜选用不同的节水灌溉技术，对各种灌溉节水措施通过小面积示范，典型试验，逐步推广。

（4）积极研发新型耐旱品种、化学制剂等。通过良种培育，减少作物的需水要求，利用秸秆覆盖、薄膜覆盖、缩小种植行距来达到田间保水，减少田间无效蒸发，提高土壤水的利用效率，相应减少灌溉次数的目的。

（5）采用管道输配水计量到户，逐步实现电子化，做到准确控水、配水，提高灌溉水的利用率。同时配套适宜的供水计量设施，与工程同步安排、同步实施、同步验收，进一步提高灌溉用水效率、完善农业用水计量方式。

（6）加大水污染治理力度，重视中水回用技术。改善水体环境，加强工业排水的质量控制，同时将废水经过集流再生处理后，使其水质指标高于污水允许排入地表和地下水体的排放标准，但又低于城市饮用水质量标准，成为循环利用水。农业生产需要大量的灌溉用水，且用水与其他用途的水相比，水质要求低，所以将由废水处理得到的中水直接用于农业灌溉，可以最大程度地降低废水处理的成本。

4.4.1.2 农业Ⅱ、Ⅲ类行政区节水建议

农业分区Ⅱ、Ⅲ类行政区相对Ⅰ类行政区来说农业节水形势没有那么紧迫。建议重点加大节水宣传力度，推广节灌技术调整农业结构和布局，改善节水灌溉制度和耕作方式、加强用水计量。具体的措施如下：

（1）提高管道输水利用率。管道输水可节约土地、避免水分蒸发，且运行费用低，输水速度快。大中型灌区可采用明渠与管道有压输水相结合的方式，来提高输水效率，中小型灌区可采用低压管道树状网形式的输水灌溉，以管代渠，减少输水过程中的渗漏和蒸发损失。

（2）推广“3S”技术应用。“3S”技术即集遥感技术、地理信息系统、全球定位系统为

一体的现代信息技术。现代农业要以高新技术应用为标志，在西方发达国家，“3S”应用技术已经发展到实用化的阶段，利用“3S”技术建立土壤墒情监测系统，对全省农田墒情进行监测，为农业灌溉用水和抗旱减灾服务，及时提供用水信息，从而使农业灌溉更加科学。

(3)做好灌区用水管理，采用计划用水。制定完善的用水管理制度，实行计划用水、定额配水。用水计量，按方收费，节水奖励，超用加价制度。为此，应建好渠系配水工程和两水实施，逐步实现电子化，做到准确控水、配水，提高灌溉水的利用率。征收水费、水资源费是节约用水的必要手段，要充分利用其杠杆作用，通过改革水价，树立水商品意识，促进全面节水。

(4)制定合理农业用水定额。通过改革农业用水价格，利用经济杠杆手段，推行阶梯水价的用水价格格局，由“要我节水”向“我要节水”转变。灌溉用水定额是实施灌溉“总量控制、定额管理”及水资源优化配置的基础，是科学确定农业种植结构和发展规模的依据，因地制宜制定农业用水定额，是缓解湖南省水资源供需矛盾的客观需要。

(5)加强水资源统一调控。对地表水、地下水比较丰富的灌区，宜采用两水统调统配管。

4.4.2　工业节水分区建议

根据城市的经济发展状况和节水建设的基础，将工业节水分区分为 3 区，分别为工业Ⅰ类行政区(工业型经济发达、工业节水建设基础好的重点城市)、工业Ⅱ类行政区(有一定工业基础、经济欠发达、工业节水建设基础一般的城市)、工业Ⅲ类行政区(工业主导型经济欠发达、工业节水建设基础较差的城市)。

4.4.2.1　工业节水Ⅲ类行政区节水建议

工业Ⅲ类行政区的工业主导型经济欠发达、工业节水建设基础较差，其节水应重点在节约、减漏两个角度进行，具体的措施如下：

(1)要节约好现有水资源，避免不必要的浪费。

应严格实行定额管理制度，从根本上杜绝浪费工业用水向来是城市用水的重要组成部分，工业用水一般占城市用水的 60%~80%，用水量大而集中。对工业用水严格实行定额管理制度，对用水单位全部实行计划用水，对超出的计划用水部分按超出比例和月份的不同加以区分，对超出部分按比例加收水价。

(2)加强城市供水管道的检漏工作，降低跑冒滴漏损失。

为了减少管道漏损，在管道铺设时，建议选用质量好的管材，严格把好质量关，并在管道铺设过程中在管道连接处使用胶圈柔性接口。

同时，必须把供水管道检漏工作常态化，设置专人检查，并设置定期和不定期两种检漏机制。做到漏洞早发现、早预防、早处置，减少管道漏洞所浪费的水资源量。

4.4.2.2　工业节水Ⅱ类行政区节水建议

工业节水Ⅱ类行政区有一定工业基础，经济欠发达，工业节水建设基础一般。考虑到其工业基础不错，但是工业节水建设不足，建议其节水除和Ⅲ类行政区一样，在节约、减漏两个角度节水外，还应加强节水型生产设备的引入和工业水重复利用率的提高，具体的措施如下：

（1）督促和引导工业企业引进节水型生产设备。Ⅱ类行政区工业用水占比较高，但是工业节水建设不足，工业企业现有生产设备一般不具备节水功能，耗水量比较大。随着工业节水的不断发展，应该积极引导和督促工业企业通过更新生产设备，改造工艺流程，来达到降低工业用水量的目的。这样既可以降低企业的用水成本，又可以节约有限的水资源。

（2）提高工业水重复利用率，即一水多用。Ⅱ类行政区工业用水占比较高，通过工业用水的重复回用，可以大幅节约用水量，很大程度地减轻城市的用水压力。这样就可以利用企业生产过程中的废水进行循环，然后重新回用，使工业用水达到重复利用，提高工业用水重复利用率。

4.4.2.3 工业节水Ⅰ类行政区节水建议

工业节水Ⅰ类行政区，工业型经济发达，工业节水建设基础好。考虑到其工业型经济发达，工业节水建设基础好，建议其节水除和Ⅱ、Ⅲ类行政区一样，在节约、检漏、加强节水型生产设备引入、工业水重复利用率的提高等角度加强建设外，考虑到其由于工业较为发达，工业用水量需求较大，建议开发利用城市再生水资源，具体的措施如下：

（1）对城市污水处理厂的中水进行中水综合利用，补入城市的工业用水系统，作为电厂循环冷却水补充系统和工业杂用水水源，替代原来的地下水和地表水，实现市政污水循环利用，一方面节约水资源，另一方面减轻污水处理厂的排水对收纳自然水体的不良影响，也是污水资源化的具体表现，更是解决城市水资源短缺的重要途径。

（2）充分利用城市雨水资源。

雨水作为一种再生水资源，如果能用单独的管道收集起来，可以经简单处理用于城市的杂用水，这样不仅降低了处理成本，而且减轻了地下水的供给压力。再生水用于城市杂用的具体用途主要有绿化用水、冲洗车辆用水、浇洒道路用水、厕所冲洗水、建筑施工和消防用水。收集雨水资源主要可以靠以下途径来完成：

①在城市中逐步改造原有的污水管道，实现雨水和污水分流。这样既可以减轻污水处理厂的压力，又可以充分利用城市的这部分雨水资源，真正做到充分利用各种水资源，避免了很多水资源浪费，从而也减少了地下水的开采，减少了区域地下水位下降。

②在城市道路修建中，应该在人行道和公共部位铺设透雨砖，这样可以使雨水渗入地下，补充一部分水资源，也可以减少下雨时城市下水管道的泄水压力。

4.5 小　结

根据湖南省节水分区模式研究，将湖南省农业节水分区划分为三类：Ⅰ类行政区（节水非常紧迫区）：衡阳、邵阳、永州、娄底。Ⅱ类行政区（节水较为紧迫区）：长沙、株洲、湘潭、岳阳、常德、益阳、怀化、郴州。Ⅲ类行政区（节水一般紧迫区）：张家界、湘西州。

Ⅰ类行政区为农业节水非常紧迫区，主要分布于湘中地区及部分湘南地区。是湖南省的干旱走廊，其区域水资源非常短缺，同时又是湖南省的重要能源基地，生态环境相对脆弱，农业发展较为滞后，水污染较为严重。故节水工作的重点是应节约农业用水，加强水利设施建设，并大力治理污染，加强该地区的水资源重复利用率。

Ⅱ类行政区为农业节水较为紧迫区，主要分布于长株潭地区和洞庭湖区及部分湘西湘南区。其水资源较为丰富，但是由于农业用水需求量较高，故还存在一定的缺水问题，且由于人口密集，也存在一定的水污染问题。应在进一步提高其农业水效率的同时，加强节水和生态保护的宣传教育，应用群众的力量全民节水全民保护水环境。

Ⅲ类行政区为农业节水一般紧迫区，张家界、湘西州主要分布于"湘西地区"，是湖南省重要的生态屏障区，水资源较丰富，水质污染较少。该区域经济发展相对滞后，且由于地理气候等因素，农业发展也较落后，应充分利用当地丰富的水资源，加强农业发展，支持贫困地区基本口粮田和特色林果业的规模发展，提高农业综合生产能力。

湖南省工业节水分区划分为三类：Ⅰ类行政区为长沙市、株洲市、湘潭市、岳阳市；Ⅱ类行政区为衡阳市、常德市、郴州市、邵阳市、益阳市、永州市、怀化市、娄底市；Ⅲ类行政区为张家界市和湘西州。

工业Ⅲ类行政区：工业主导型经济欠发达、工业节水建设基础较差，其节水应重点在节约、减漏两个角度进行。工业Ⅱ类行政区，有一定工业基础、经济欠发达、工业节水建设基础一般。考虑到其工业基础不错，但是工业节水建设不足，建议其节水除和Ⅲ类行政区一样，在节约、减漏两个角度节水外，还应加强节水型生产设备的引入和工业水重复利用率的提高。工业Ⅰ区行政区，工业型经济发达、工业节水建设基础好的重点行政区。考虑到其工业型经济发达不错，工业节水建设基础好，建议其节水除和Ⅱ、Ⅲ类行政区一样，在节约、检漏、加强节水型生产设备引入、工业水重复利用率的提高等角度加强建设外，另外考虑到其由于工业较为发达，工业用水量需求较大，建议开发利用行政区再生水资源。

第5章 节水型社会建设评价指标体系研究

5.1 评价指标体系构建原则

节水型社会的评价是综合评价某一区域水资源现状、经济社会用水效率及经济社会发展和生态环境状况。建立合理的节水综合效益评价指标体系,可为客观公正评价节水效益提供科学依据,有利于节水工程决策的科学水平,对节水型社会建设具有重要的现实意义;其评价指标体系必须遵循下列五个原则。

5.1.1 科学性

评价指标既要立足于现有的基础和条件，能够科学、客观地反映不同地区、不同资源条件下的用水水平，又要考虑发展的因素和不同地区的可比性，且对不同的评价对象进行评价时，同一指标的评价所采用的评价标准和评价方法必须一致，以便于比较和分析评价对象的各指标，并能反映节水的涵义和实现的程度。

5.1.2 系统与层次相结合

宏观上节水综合效益包括社会效益、经济效益和生态环境效益，由不同层次、不同要素组成。因此，确定指标时必须运用系统的观点，将总体目标层层分解再进行综合，以便从各个侧面全面、完整地反映出评价对象的各个主要影响因素，全面系统地反映出工程实施前后各方面的正负效益。同时,要体现出系统的层次性和各子系统的独立性与相关性。

5.1.3 动态与静态相结合

由于节水对区域经济影响的滞后和影响因素的复杂性，不易在较短的时间内得到反映，它是一个历史的、动态的发展过程，是动态与静态的统一。因此，评价指标中既要有反映现实的静态指标，又要有反映其发展的动态指标。

5.1.4 定性与定量相结合

在节水综合效益众多的影响和制约因素中，有些因素可以定量化,而有些因素难以进行定量，只能定性描述，但这些定性因素甚至对工程的评价起着主导作用。因此，指标体系应尽量选择定量指标，难以量化的重要指标进行定性描述。

5.1.5 可操作性

评价指标要指导各地节水建设，需要通俗易懂，要求指标的描述简捷、准确，指标的含义明确、具体,避免指标间内容的相互交叉和重复。同时,在设置指标时不要盲目追求指标体系“万能”,而要在不影响指标系统性的原则下,尽量减少指标数量,以尽量提高指标的操作性和实用性。另外,评价指标体系要具有开放性,便于评价指标的更新和扩充。

5.2　行业节水评价方法简述

农业与工业用水特点不同,节水的关键也不同,应采用不同的指标体系。同时针对不同的地区,行业发展不同,对应相同的指标体系的权重应不同。

工业节水不同行业的节水特点有很大的不同,因此指标体系中应重点针对高耗水行业制定对应的评价指标及参考标准。

5.2.1　农业节水评价方法简述

在评价方法上,传统的方法有广义归纳法、专家评估法、特尔菲法、层次分析法等;较为先进的方法有人工智能、灰色系统、模糊综合评价、神经网络和系统动力学等,主要用于处理包含不确定、高度非线性和信息复杂性问题。

专家评估法是借用各类科技人员的专长及其对有关政策和管理工作理解的深度做出裁决,有利于收集各方面的经验信息,但是主要依靠概率统计,只能以均值反映权重。层次分析法是通过建立层次结构模型,构造判断矩阵,利用求和特征值方法,确定评价因子及指标重要性权重。该方法在构造判断矩阵之后,可用严密的数学计算方法求解,但是判断矩阵主要受评判标准的支配,评判标准不同,给出的权重结果就不同,评判标准是否客观,决定了计算成果的正确程度。

多层次灰色关联综合法是基于灰色关联分析的一种评判技术,它是对系统统计数据列进行几何关系的比较,是分析系统中多因素关联程度的方法。作为定性分析和定量分析综合集成的一种常用方法,模糊综合评判法使用效果一般较好,已在工程技术、经济管理和社会生活中得到广泛应用。目前,模糊综合评价的研究难点之一,就是如何科学、客观地将一个多指标问题综合成一个单指标形式,以便在一维空间中实现综合评价,其实质就是如何合理地确定这些评价指标的权重。

5.2.2　工业节水评价方法简述

关于工业节水的评价研究,目前我国的工业节水指标体系可归纳为两类7种指标,即工业用水复用类指标和工业取水水量类指标。工业用水复用类指标包括重复利用率、间接冷却水循环率、工艺水回用率、蒸汽冷凝水回用率等。工业取水水量类指标包括单位产品取水量、万元工业产值取水量、附属生产人均日取水量等。

就工业节水评价方面而言,大多都是定性分析,缺乏科学合理的量化标准;也有少数进行了定量评价,如就万元产值取水量对工业节水进行评价,或者对工业节水项目或技术进行投资与效益分析等,都是从不同的角度进行的评价,分析不够全面,有的甚至只选取一个指标相关来评价,且不具有可比性。

最有代表性的方法就是利用比差率法消除城市行业结构的差异,再利用万元产值取水量或者重复利用率来进行比较。河北省水利科学研究院陈伟、王玉坤在《南水北调中线河北供水区各市区工业用水综合分析评价》中对河北供水区七个市的工业取水量,用相对基准的方法调到同一水平,通过建立数学模型——比差率,再结合各市工业结构现状分析比较,得出各市的工业用水节水现状及差距并进行了综合评价,使评价结果具有可比性,是目前城市工业节水中比较简单且有代表性的方法。该方法的优点是所需资料少,计算方法简单易行。从资料来源考虑,参加评价的城市只需具备同年份行业产值与工业总取水量两项资料就可分析。对万元产值取水量、万元增加值取水量等不能直接进行横向比较的指标,即可按照该方法来消除行业结构的差异,以实现其横向可比性。但该方法只用了一个万元产值取水量作为城市间进行比较的指标,虽然考虑了城市间工业行业的差异,但仍是用的单一指标,不全面,如工业用水的重复利用率、万元废水排放量等指标均未考虑,且该方法只强调评价结果,而忽视评价的意义,不能为节水水平较差的城市提出有针对性的改进措施。

随着城市工业的迅速发展,水资源紧缺程度日益升高,城市工业节水越来越被相关部门重视,对于工业节水的技术、措施、政策等都在快速发展。为了对城市工业节水水平有整体的比较,也为了城市间工业节水技术、方法的相互补充借鉴,单一的万元产值取水量或重复利用率指标的高低比较,已不能满足城市工业节水评价所应达到的目的及意义,急需对城市工业节水各方面的综合评价。

综合评价涉及有关城市工业节水的各方面,不单单是用水量、用水效率的比较,还应该包括对工业节水项目投资、工业废水排放等方面的评价。城市工业节水是一个综合的全面的系统,要对其进行客观科学的评价,就需要比较完善的指标体系,而不是单个企业、单个指标所能代表的。因此,在对城市工业节水进行评价时,不能单方面考虑一个因素或指标的高低,也不能片面地将适用于某个企业或者某个行业的评价模型照搬套用,而应该建立一套有针对性的、科学全面的评价指标体系,用适合此体系的评价方法,进行科学的评价,只有这样才能达到评价的目的,才能真正体现评价的意义。

5.3 农业节水评价指标的构建

指标是评价的基本尺度和衡量标准,指标体系是农业节水单项评价的依据,也是综合评价的基础。指标体系是否合理、科学、简明、实用决定了评价结果是否真实可行,而评价主体、评价对象和评价尺度组合的多样性也决定了评价指标不是固定不变的,不同的区域和工程措施评价指标必然有所不同。农业节水综合评价指标体系是度量农业节水生产方式对农村社会、经济、生态三大系统影响的参数,通过对农业节水的社会效益、经济效益和生态效益及综合效益的量化分析来评价某一区域推行农业节水所产生的综合效果,并根据评价结果判断农业节水的进一步发展方向。建立指标体系,应该遵循科学性。基本任务是通过分析被描述对象的系统结构和要素,建立综合目标及其要素间的对应关系,根据有关理论或实证分析研究定量指标与评价准则及综合目标的相关程度,从而确定指标的选择和设置。

考虑到本书所研究的实际情况,资料收集的难易程度及具体的可操作性等因素,拟采用按行政单元划分的 14 个地级市(州)作为基本的评价单元和类型划分单元。

5.3.1　农业节水评价指标体系的建立

农业节水的指标体系主要是为了准确地衡量农业节水的水平及其目标实现的程度。因此,指标体系的设计应主要围绕农业可持续发展的目标来进行。湖南省农业节水发展水平从可持续发展的角度来说,目前仍处于初级阶段,可持续发展的水平较低,重点应放在社会经济系统运行的稳定性和资源利用、社会经济系统运行、污染防治及生态维护之间的协调性上。

在上述湖南省农业节水发展现状和其存在问题分析的基础上,初步拟定湖南省农业节水评价指标体系分为目标层、效果层、指标层和因子层等 4 个层次,选取了反映社会、经济、环境等方面的 24 个指标。第一层是最高层,为目标层,即节水农业的可持续发展综合指标;第二层是系统的效果层,体现系统运行的结果,主要包括农业水资源开发程度、农业水资源利用效益和农业节水持续性评价等 3 个方面;第三层是指标体系的指标层,包括节水工程技术、农村经济效益和节水农业技术持续性等 8 个内容;第四层是系统因子层,包括单位耕地水库库容量、单位耕地供水量、缺水度等 24 个指标。表 5-1 为湖南省农业节水综合评价指标体系。

表 5-1　湖南省农业节水综合评价指标体系

目标层 F	效果层 A		指标层 B		因子层 C	
	指标	权重	指标	权重	指标	权重
农业节水综合评价指标	A1 水资源农业开发程度	0.311 0	B1 节水工程技术	0.381 5	C1 单位耕地水库库容量(m^3/hm^2)	0.142 7
					C2 单位耕地供水量(m^3/hm^2)	0.191 9
					C3 渠系密度($m/1\ 000\ hm^2$)	0.135 9
					C4 渠系防渗率(%)	0.125 0
					C5 耕地有效灌溉率(%)	0.199 6
					C6 耕地保证灌溉率(%)	0.204 9
			B2 节水农业技术	0.339 4	C7 集雨补灌率(%)	0.320 5
					C8 节水技术推广程度(%)	0.402 5
					C9 喷、微、滴应用率(%)	0.277 0
			B3 节水规划管理	0.279 1	C10 管理制度有效性(%)	1.000 0

续表 5-1

目标层 F	效果层 A		指标层 B		因子层 C	
	指标	权重	指标	权重	指标	权重
农业节水综合评价指标	A2 水资源农业利用效益	0.426 3	B4 农业经济效益	0.429 2	C11 粮食单产(kg/hm^2)	0.297 4
					C12 农民人均总产值(元/人)	0.235 0
					C13 农民人均纯收入(元/人)	0.467 5
			B5 水资源利用效益	0.570 8	C14 单位水粮食产量(kg/m^3)	0.357 3
					C15 单位水农业产值(元/m^3)	0.362 5
					C16 农业抗灾能力	0.280 2
	A3 农业节水持续性评价	0.262 7	B6 水资源持续性	0.364 6	C17 缺水度	0.405 1
					C18 水利设施完备程度	0.348 3
					C19 水质适灌程度	0.246 6
			B7 水土保持	0.325 8	C20 中低产田土改造程度	0.341 6
					C21 水土流失治理程度	0.346 9
					C22 森林覆盖率	0.311 5
			B8 节水技术持续性	0.309 6	C23 节水农业技术集成水平	0.512 5
					C24 农民支持率	0.487 5

5.3.2 评价指标体系分析

在具体指标的选择上，通过理论分析和专家咨询、筛选指标，以满足科学性和全面性的原则。同时，为了使评价指标体系体现可操作性和灵活性，需要进一步考虑被评价区域具有的节水技术，水资源状况，社会、经济和环境状况，还有分析指标资料来源的可能性。对于湖南省，应结合各评价地区实际情况确定相应的评价指标体系。24 项指标中，部分为合成指标，需要通过对原始特征值进行计算得到；部分是定性指标，通过专家打分评价得到，现对表 5-1 中给出的指标做简要的分析。

(A1)水资源农业开发程度。

(B1)节水工程技术。

节水工程技术包括单位耕地水库库容量、单位耕地供水量、渠系密度、渠系防渗率、耕地有效灌溉率和耕地保证灌溉率。

C1:单位耕地水库库容量(m^3/hm^2)反映的是对于兼有防洪、兴利作用的水利蓄水工程(水库)在灌溉用水需要中,所具有的最大保证率。它是一个合成指标,其计算式为

$$单位耕地水库库容量=\frac{大、中、小型水库库容}{耕地面积} \tag{5-1}$$

C2:单位耕地供水量(m^3/hm^2)反映的是耕地在进行农业生产过程中,能得到的最大的灌溉供水量,而供水量指农田水利工程技术所提供的水资源量,包括水库、引水渠堰、山平塘、机电井等。它也是一个合成指标,即

$$单位耕地供水量=\frac{水利工程年实际供水量}{耕地面积} \tag{5-2}$$

C3:渠系密度($m/1\,000\ hm^2$),目前湖南省的农田灌溉,绝大部分还是渠系引水灌溉,这个指标反映了地区灌溉农业发展的情况,渠系密度越大,灌溉程度越高,反之则然,该指标是一个合成指标,计算式为

$$渠系密度=\frac{干、支、斗渠长度}{耕地面积} \tag{5-3}$$

C4:渠系防渗率(%)是从渠首到农渠的各级输配水渠道输水损失的一个指标。工程措施中,对渠系进行防渗处理后,输水损失可大大减少,从而提高农业水资源的利用率。该指标的计算式为

$$渠系防渗率=\frac{干支渠道已防渗长度}{干支渠应防渗长度} \tag{5-4}$$

C5:耕地有效灌溉率(%)是反映耕地是否得到有效灌溉的重要指标,有效灌溉率越高,表示耕地得到灌溉的程度越高。其也为合成指标,即

$$耕地有效灌溉率=\frac{有效灌溉面积}{耕地面积} \tag{5-5}$$

C6:耕地保证灌溉率(%)是指耕地中能保证灌溉得到的耕地面积率,其计算式为

$$耕地保证灌溉率=\frac{保证灌溉面积}{耕地面积} \tag{5-6}$$

(B2)节水农业技术。

C7:集雨补灌率(%)是指在正常灌溉条件之外,通过塘、堰等积蓄雨水的措施,对耕地进行补灌,从而避免干旱影响农业生产的重要指标。其计算式为

$$集雨补灌率=\frac{塘水量+堰水量}{农业用水量} \tag{5-7}$$

C8:节水技术推广程度(%)。湖南省节水农业的开展,重点应该放在节水农耕农业技术的推广上,这是一个合成指标,即

$$节水农耕农艺技术推广程度=\frac{秸秆还田面积+配方施肥面积+麦油免耕栽培面积+地膜覆盖面积}{总播面积} \tag{5-8}$$

C9:喷、微、滴灌应用率(%)。喷、微、滴灌是现代灌溉节水技术,均有明显的节水效果。但这几种高效省水的灌溉技术投资较高,对水质有要求,主要可用于经济作物、蔬菜、

果园等具有高经济附加值的农业投入上。该指标反映了节水农业现代化的普及率,其计算式为

$$喷、微、滴灌应用率=\frac{喷、微、滴灌面积之和}{旱地面积} \tag{5-9}$$

(B3)节水规划管理。

C10:管理制度有效性(%)这个指标反映了对农业水资源开发和利用的管理水平,用水管理制度是否健全,组织保障措施是否得力,是否重视农业节水技术的研究与示范等。这是一个定性指标,由专家打分获取。

(A2)水资源农业利用效益。

(B4)农业经济效益。

C11:粮食单产(kg/hm^2)是农业生产效益最直接的表达方式。其为合成指标,计算式为

$$粮食单产=\frac{粮食总产}{粮食总播面积} \tag{5-10}$$

C12:农民人均总产值(元/人)是衡量农村经济效益的重要指标,反映了农村经济的现状。即

$$农民人均总产值=\frac{农牧渔业总产值}{农业总人口} \tag{5-11}$$

C13:农民人均纯收入(元/人)是反映农民在进行农业和其他副业生产活动以后获得的收入,这个经济指标的高低直接决定农民的生活水平。其计算式为

$$农民人均纯收入=\frac{农民净收入}{农业总人口} \tag{5-12}$$

(B5)水资源利用效益。

C14:单位水粮食产量(kg/m^3),这个指标是国际上反映农业水资源利用效益的一个通用指标,单位水粮食产量值越高,表明该地区对水的利用效益越高。以色列的单位水粮食产量为 5 kg/m^3,意味着平均 1 m^3 水可以生产 5 kg 粮食,这是很高的利用效率了。这个合成指标的计算式为

$$单位水粮食产量=\frac{粮食总产}{粮食用水量} \tag{5-13}$$

其中,粮食总产包括主要粮食作物,如小麦、水稻、玉米等,而粮食用水量是按照湖南省水利厅规定的灌水定额计算得出的。

C15:单位水农业产值(元/m^3),这个指标反映了一定的用水量能创造多少农业产值。单位水农业产值越高,灌溉农业水平越高。这个指标的计算式为

$$单位水农业产值=\frac{农林牧渔总产值}{农业用水量} \tag{5-14}$$

C16:农业抗灾能力是反映地区遭受自然灾害后,减灾抗灾的能力。湖南省是自然灾害较为多发的省区,对于农业灌溉节水的发展,这个指标有很现实的意义,其计算式为

$$农业抗灾能力=\frac{成灾面积}{受灾面积} \tag{5-15}$$

(A3) 农业节水持续性评价。

(B6)水资源持续性。

C17:缺水度,这个指标是直接反映某地区灌溉水资源量丰缺程度的指标,是影响选择节水灌溉措施最主要的因素。灌溉水资源紧缺,该地区发展灌溉的难度必然大,要扩大灌溉面积,保持农作物稳产高产,需要采用高效的节水灌溉措施;相反,灌溉水资源很丰富,发展节水灌溉就不会很迫切,即使发展也会选择那些投入少的节水灌溉措施。

缺水程度可用耕地面积上的可用灌溉水量与综合作物需水量的比值多少来表示,即

$$\beta = W_y / W_s \tag{5-16}$$

式中:W_y 为农业用水量,采用《湖南省水利统计年鉴》提供的农业用水量;W_s 为农业需水量,依据《湖南省农业统计年鉴》提供的各种作物面积和湖南省水利厅提供的各种作物用水定额,再计算出粮食作物总需水量、经济作物总需水量,二者之和就是综合作物需水量,以此作为缺水程度的评价标准。即

$$W_s = W_f + W_c + W_p \tag{5-17}$$

其中,W_f 为主要粮食作物灌水量,包括水稻、玉米、小麦、红苕等作物;W_c 为主要经济作物灌水量,包括油菜、蔬菜、花生、棉花、果树等作物。另外,根据2014年《湖南省水资源公报》中湖南省人均生活用水量,农村为89 L/d,由各市的农业人口计算,可得到农村人畜用水量 W_p。

C18、C19:水利设施完备程度和水质适灌程度都是反映灌溉条件的指标,对节水灌溉过程起着重要作用,这两个指标均为定性指标,由专家打分获取。

(B7)水土保持。

C20:中低产田土改造程度,这个指标反映了该地区农业发展水平的高低,把中低产田的土壤改造成肥力更高的、更有利于农业生产的土壤,对于水资源的利用会更上一个台阶。这个指标的计算式为

$$\text{中低产田土改造程度} = \frac{\text{中低产田土改造面积}}{\text{中低产田土面积}} \tag{5-18}$$

C21:水土流失治理程度,该指标反映了该区在水土保持和农业生产环境的建设上取得的成绩。严重的水土流失会侵蚀粮田,破坏农业生产资源,甚至毁坏村庄,危及农民的生命财产安全。这个指标的计算式为

$$\text{水土流失治理程度} = \frac{\text{水土流失治理面积}}{\text{水土流失总面积}} \tag{5-19}$$

C22:森林覆盖率,这个指标直接与农业生产的环境和可持续发展有关,森林覆盖率越高,该地区水土保持越好,更有利于复合式节水灌溉的发展。其得到方式为直接采用林业部门统计值。

(B8)节水农业技术持续性。

C23:节水农业技术集成水平,这个指标反映的是该地区在进行农业生产时,是否重视集雨节水、农耕农艺、田间保墒及防污技术等节水技术的组装配套推广,区内建有专门的节水农业实验站。这个是定性指标,由专家打分获取。

C24:农民支持率,这个指标应直接到农村调查,在开展节水农业的地区调查农民对

节水工程、生物和农耕农艺技术的支持与参与。

通过对湖南省农业、水利原始数据的收集,计算出24项指标值。其中,请专家打分的C10、C18、C19、C23和C24项指标,考虑到评价工作的可操作性,只对湖南省的总体情况进行了评分,所以视此评分结果为各市的指标值。

5.3.3 指标的无量纲化处理和各指标权重的确定

由于评价指标体系的量纲不同,指标的功能也不同,并且指标间数量差异较大,使得不同指标间在量上不能直接进行比较,为此须对统计指标进行无量纲化处理,公式如下:

$$X_{无量纲值}=\frac{X_{实际}-X_{最小}}{X_{\max}-X_{\min}} \tag{5-20}$$

在评价指标体系及层次模型选定的基础上,确定各指标的权重是一个关键问题。各个评价指标权重的确定在综合评判中占有非常重要的位置,权重的大小对评估结果十分重要,它反映了各指标的相对重要性。其含义为,在纵向上,评价指标权重反映了该指标变化对综合效益变化所起作用的大小;在横向上,评价指标权重表示了该指标在同一评价指标层次所处的重要地位的衡量,权重确定的合理与否将直接影响评判结果。

权重确定的方法较多,如多元统计分析法、模糊方程求解法、层次分析法、专家咨询法等。本研究权重的推求,拟采用层次分析法。层次分析法是权重计算的一种常用方法,它最大的特点是能统一处理规划中的定性定量因素,具有系统性、适用性、实用性和简洁性。它的基本思路是在递阶层次结构的基础上,聘请一些经验丰富、知识渊博的专家对两两因素间的重要性程度进行打分,建立判断矩阵,再对各专家打分样本进行一致性检验,通过一致性检验的为合格样本,最后对合格样本进行权向量的计算。

由于节水农业效益影响因素多,因素相互关系复杂等特点,结合研究进展,先后聘请水利、农业、土壤、气象和水利管理等方面的专家,对研究指标进行打分评价,然后采用层次分析法,通过多次征询和反馈,最后得到农业节水评价指标体系各个层次的权重(见表5-1)。

5.3.4 模糊层次评价法评价

5.3.4.1 模糊层次评价法

1.模型算子的选择

选择加权平均型模糊多因素综合评判模型算子 $M(X,+)$ 为农业节水评价的多层次综合评价模型算子。

2.多层次评价数学模型

(1)根据模糊评价分类逐层集合的思路,建立综合评价模型。

针对具体评价项目,首先在选定指标体系的基础上,确定各层次指标集,共分二层(与分三层次方法类似),给定备择对象集(评价数,可为一个或多个),共 m 个备择对象,最低层指标集 $V=(V_1,V_2,\cdots,V_l)$,共1个单因素指标。

①计算指标体系对 $V_l(i)$ 的单指标评判值 $F_l(i)$。

②计算单指标评判值常采用模糊数学方法推求定量指标隶属度,定性指标隶属度则

采用模糊统计方法确定。

(2)计算方案对 $V(i)=\{V_1(i),V_2(i),\cdots,V_n(i)\}$ 的综合评判值。

评判值采用如下公式计算：

$$F^{(i)}=\sum_{j=1}^{n}a_j^{(i)}F_j^{(i)}\quad(i=1,2,\cdots,m)\tag{5-21}$$

式中：$F_j^{(i)}$ 为对指标层的单指标评判值；$a_j^{(i)}$ 为指标层各指标的权重值。

(3)计算总评判值。

考虑各种评价指标，得出总评判值 $F(x)$：

$$F(x)=\sum_{i=1}^{m}a^{(i)}F^{(i)}\tag{5-22}$$

5.3.4.2　评价结果

采用模糊层次评价法对湖南省农业节水综合评价，指标的权重值见表 5-1，而各项指标的标准化值，通过计算得到各市的评价值(见表 5-2)，评价值受收集到的数据的准确度影响较大，故两个接近值间不能判断是否值高的就节水做得好，只能从评价值的大概范围判断其是否合格，F 值高于 0.5 的为合格，低于 0.5 的为不合格。从结果可看出，张家界市、湘西州的 F 值较低，说明节水农业情况不理想。

从结果可以看出，湖南省 14 个市(州)，大部分地区的评价值在 0.5 和 0.7 之间，这反映出各地区间农业节水的发展水平差距不是很大。这主要是因为湖南省水资源丰富，大多数群众农业节水的意识不强，农业节水的理论和应用研究还比较薄弱，因而在开展农业生产时，水资源利用效率较低。

由于模糊层次评价法的 F 值，是由 A1 水资源农业开发程度、A2 水资源农业利用效果和 A3 农业节水持续性评价这三个层次的指标评价值共同决定的，所以现对 A1、A2 和 A3 这三个效果层进行简要的分析。

从 A1 水资源农业开发程度分析，在 F 值较高的地区，如长株潭地区、常德市，这些地区地形较为平坦，水利灌溉设施完善，农业生产条件相对较好，因而对农业水资源的开发程度相对较高；而张家界市、娄底市和湘西州的 F 值相对较低，这跟地区的地形地貌条件有关，该区域上主要为山区，这些地区农业水资源较为贫乏，限制了农业水资源的开发。

从 A2 水资源农业利用效果分析，在 F 值较高的地区，如长株潭地区、常德市，主要是归结于该地区在农业生产中取得了较高的农业水资源利用率；而张家界市、娄底市和湘西州的 F 值相对较低，是地形和气候诸方面原因，在利用上还达不到太高的效益，这也是和实际相符的。

从 A3 农业节水持续性评价分析，在收集和比较 14 个地区的相关资料以后，得出结论为：节水持续性评价在各市(州)的差异不大，但是湖南省农业节水的发展还存在较多问题，有待于进一步加强农业节水技术的推广，方能缓解目前可能存在的季节性和区域性的干旱和缺水问题，从而实现农业水资源和农业节水的可持续性发展。

从表 5-2 可以清楚地看到湖南省各个地区的 A1、A2 和 A3 指标层的评价值之间的比较。由于 A1 水资源农业开发程度和 A3 农业节水持续性评价各个地区差距不是很明显，因而最终 F 值取决于 A2 水资源农业利用效果，A2 的评价值越高，相对的 F 值也高。所以,湖南省农业节水综合评价中,A2 水资源农业利用效果是影响最后评价值的关键。

表 5-2 模糊层次评价法评价值及排序

序号	地区	A1 水资源开发程度	A2 水资源农业利用效果	A3 农业节水持续性评价	*F* 值	排序
1	长沙市	0.219	0.364	0.110	0.691	1
2	株洲市	0.221	0.360	0.106	0.687	2
3	湘潭市	0.222	0.358	0.107	0.687	3
4	衡阳市	0.215	0.261	0.105	0.581	7
5	邵阳市	0.192	0.284	0.106	0.582	6
6	岳阳市	0.210	0.354	0.111	0.675	4
7	常德市	0.202	0.257	0.109	0.568	9
8	张家界市	0.153	0.157	0.089	0.399	14
9	益阳市	0.209	0.255	0.111	0.575	8
10	永州市	0.195	0.254	0.109	0.558	11
11	怀化市	0.191	0.260	0.109	0.560	10
12	娄底市	0.185	0.192	0.100	0.477	13
13	郴州市	0.207	0.335	0.111	0.653	5
14	湘西州	0.168	0.210	0.100	0.478	12

5.4 工业节水评价指标体系的构建

在构建工业节水评价指标体系之前,首先应对工业节水含义及特点进行了解和认识,只有在此基础上,才能更有针对性地构建比较科学、合理并能客观全面地反映区域工业节水水平的评价指标体系。

5.4.1 工业节水概述

5.4.1.1 工业节水定义

工业节水是指在城市范围内工、矿企业的各部门,在工业生产过程或期间对制造、加工、冷却、空调、洗涤、锅炉等处使用的水通过技术、经济、管理等手段,调整用水结构,改进用水工艺,实行计划用水,杜绝用水浪费,加强用水管理,建立科学的用水体系,对有限的水资源进行合理分配与优化利用,从而达到保护水资源,提高用水效率,减少水的无效损耗,保持水资源可持续利用的目的。

工业用水主要包括冷却用水、热力和工艺用水、洗涤用水。其中,工业冷却水用量占工业用水总量的 80%左右,取水量占工业取水总量的 30%~40%。火力发电、冶金、石油化工、造纸、纺织、食品与发酵等八个行业取水量约占全国工业总取水量的 60%(含火力发电直流冷却用水)。

5.4.1.2　工业用水分类

现代工业种类多,工业产品繁杂,用水环节多,各种用水对供水的水源、水温、水质要求不一,为了便于分析研究,需将工业用水进行分类。对城市工业用水分类时,根据不同的分类标准,分为不同的类别。

1.按行业分类

在工业系统内部,各行业之间用水情况差异很大,根据我国历年工业统计资料,均按行业进行统计。因此,按行业分类,有利于工业节水的调查、分析、计算和预测。在实际工作中,将一个地区的工业用水按 30 多个行业分析,复杂且不适用。因此,参照《湖南省用水定额》(DB 43T388—2014)中的分类,在工业用水中将 30 多个行业合并成 14 个分类,见表 5-3。

表 5-3　工业用水按行业分类

序号	分类	内容
1	电力	电力、蒸汽生产和电力供应
2	机械	机械工业、交通运输制造、电气机械及器材制造、电子及通信设备制造
3	冶金	黑色金属矿采选业、有色金属矿采选业、黑色金属冶炼及压延加工、有色金属冶炼及压延加工、金属制品
4	化工	石油化工、化学工业、人造纤维制造塑料、橡胶制品
5	纺织	纤维原料初加工、棉毛麻纺织业、其他纺织业
6	造纸	造纸、纸浆、纸制品
7	建材	建材及其他非金属矿物制品、砖瓦、石灰和其他轻质建材、其他非金属矿物制品
8	食品	食品制造、饮料制造、烟草加工、饲料
9	缝纫	服装、制鞋、制帽、其他缝纫
10	皮革	制革、皮革制品、毛皮制品
11	木材	木材加工及竹、藤、草制造业、家具制造
12	煤炭	煤炭采选、煤制品、炼焦
13	文体	体育制品、印刷业、工艺美术制品
14	其他	其他产品工业

2.按工业用水的用途分类

根据工业用水的不同用途,工业用水可分为生产用水和生活用水,如图 5-1 所示。

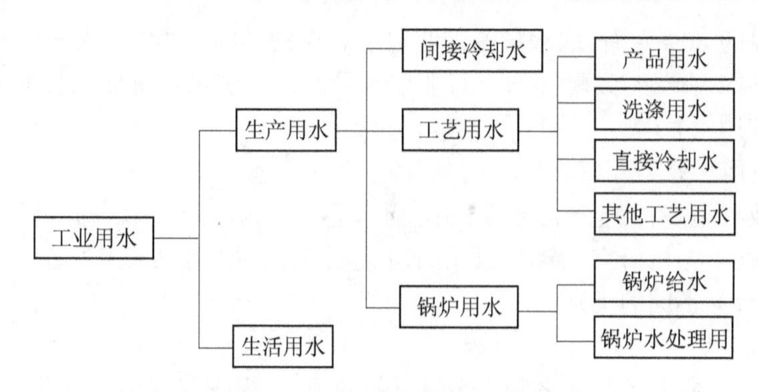

图 5-1　工业用水按用途分类

(1)生产用水是指直接用于工业生产的水。生产用水又可分为间接冷却水、工艺用水和锅炉用水。

①间接冷却水,即为保证生产设备能在正常温度下工作,用来吸收或转移生产设备的多余热量所使用的冷却水。在工业生产中,冷却用水遍及各个工业部门。在火力发电、冶金、化工等工业生产中冷却水用量尤其大。间接冷却水一般不与产品和原材料相接触,使用之后水质几乎不被污染,或污染较轻,仅水温有所升高,便于处理后回收再利用。

②工艺用水,即用来制造、加工产品及与制造、加工工艺过程有关的用水,包括产品用水、洗涤用水、直接冷却水和其他工艺用水。工艺用水在生产过程中与原材料或产品掺和在一起,有的成为产品组成部分,有的则成为介质存在于生产过程之中。如食品、造纸、化工等工业用水中都有一定量的工艺用水。工艺用水经使用后,水中含有一定量的杂质,是工业生产中的废水,一般很难回收利用。如果不能回收利用,也需在排放前进行处理,使其达到排放标准后再排放,以免污染水源和环境。

③锅炉用水,即为工艺或采暖、发电需要产汽的锅炉用水及锅炉水处理用水,包括锅炉给水和锅炉水处理用水(又称锅炉冷凝水)。在工业生产中,蒸汽可以作为动力、原料,可以用来加热、取暖,因此锅炉用水在工业部门中应用十分广泛。

(2)生活用水指厂区或车间内职工生活用水及其他用途的杂用水。

5.4.1.3　工业节水的特点

(1)系统性。所谓系统性,是指工业节水是一个庞大的系统,它存在于城市工业的各个行业,各个环节。它既包括了工业上的节约用水,又包括了有关工业节水的一些相关活动,但无论是按工业用水的用途分类还是按行业分类,总可以将其组织得比较有条理,易于分析。

(2)全面性。城市工业节水不仅局限在工业行业本身,还注重其对城市的影响,比如工业废水对城市环境的影响;不仅要提高工业用水效率,还重视对水资源的保护,保证城市工业的可持续发展,是动态的、发展的节水。总之,城市工业节水已不是单纯意义上的节约用水,而是包括了一系列相关配套的技术、措施、政策,是全面的、综合的节约用水。

(3)复杂性。复杂性是指工业节水包括城市内各工业行业的节水,各个行业用水情况不同,而各行业下属的产品结构不同,仍然对城市工业节水有很大的影响,即行业及产品结构的多样性决定了城市工业节水的复杂性。

5.4.2　工业节水评价指标体系的构建

分析和评价区域的工业节水综合状况如何,需要寻找或建立一个度量标尺,通过这一度量标尺去测量一个区域的工业节水综合状况。首先分析工业节水评价指标体系的构建原则,进而构建综合评价指标体系。

5.4.2.1　工业节水评价指标体系的构建原则

工业节水水平的城市间评价,评价对象情况过于复杂。针对工业节水的特点结合一般评价指标体系的构建原则,确定工业节水评价指标体系的构建应遵循以下几个原则。

1.全面性原则

全面性原则是指所选取的评价指标要足够全面,能够全面反映一个区域的工业节水水平。对于工业节水的总体评价,应选取尽量少的指标,反映最主要和最全面的信息,每项指标应具有独立性、可量化和通用性。

2.科学性原则

科学性原则是指工业节水指标的选取应该遵循科学性,保证评价指标体系的客观公正,保证数据来源的可靠性、准确性和评估方法的科学性;指标的选择与指标权重的确定、数据的选取、计算与合成必须以公认的科学理论为依据。

3.可行性原则

可行性原则是指标的设置要尽可能利用现有统计资料,易于量化。由于有关工业节水的评价没有统一的标准,因此不同城市统计资料不一样,为了便于资料的收集,便于计算,评价指标体系不能设计得过于复杂。在实际调查和评价中,指标数据易于通过统计资料整理、抽样调查或直接从有关部门获得。同时,建立的指标体系还要考虑到利用电子计算机操作的要求,使之具有可操作性。工业节水评价工作的意义在于分析现状,认清所处阶段和发展中存在的问题,更好地指导实际工作,因此尽量选取日常统计指标或容易获得的指标,以便直观、简便地说明问题。还要注意考虑到指标的可比性,即所构建的评价指标体系在指标的涵义、统计口径及时间空间上要有可比性。

4.动态性原则

动态性原则是指评价指标不仅能够对工业节水现状做出科学的评价,还要能在一定程度上对工业节水的发展趋势有所评价。工业节水的含义不仅是节约用水,还包括了对工业用水的合理规划,对环境的影响等方面。它是一个动态的、发展的系统,城市工业的发展及工业废水对环境的影响都会在一定程度上影响城市工业节水的评价结果。在工业节水综合评价实际操作过程中,应通过各种指标体系、方法的建立与实施,把节水问题与水资源的可持续利用结合起来,客观地评定和衡量工业节水所带来的社会经济价值及工业用水对环境造成的损失。

5.4.2.2　工业节水评价指标体系

工业节水评价体系由城市内各行业节水评价体系构成,各行业节水评价体系需要结合各行业工业用水的特点。综合考虑节水的全面性原则、科学性原则、可行性原则、动态性原则等来建立。通过该评价体系,首先可以分析城市整体的工业节水水平,确定出综合评价指标体系;其次根据不同城市的评价结果,进一步分析城市内各行业的工业用水状况。

1.常见工业节水指标分析

目前,我国关于工业节水评价研究的指标体系中的指标比较杂乱,重复且不全面,如常用的工业用水重复利用率就包含了间接冷却水循环率、工艺水回用率等指标。而且有些指标受外界因素特别是偶然因素影响较大会影响评价的准确性,如附属生产日人均取水量就受行业、地区及生产环境条件等因素影响较大。对我国常见的节水指标分析如下:

工业万元产值取水量反映了工业用水的宏观水平,且可以从横向、纵向两方面来评价工业用水水平的变化程度。在纵向评价方面,应用比较简单,即本市、本行业、本单位,当年与上年或历年的取水量进行对比,从而得出节约用水水平的提高和降低情况;而对于横向之间(城市、省份、国家)的比较来说,此项指标也是简易实用的,可以很轻松地将城市行业结构的差异问题解决。所以,它是进行城市内各行业节水和城市间工业节水综合评价不可或缺的一个指标。

工业万元增加值取水量是动态的评价某区域在工业发展过程中的用水情况,是表示工业产值增长与用水量增长关系的一个指标,能在一定程度上反映该城市的工业节水潜力。但它横向可比性较差,需要进行各行业间的统一。

单位产品取水量能客观地反映生产用水情况及工业行业或城市的实际用水水平。它也能较准确地反映出工业产品对水的依赖程度,为用水管理部门比较科学、合理的分配水量,从而为有效利用水资源提供数量依据。此指标对相同工艺的同样产品可比性较强。当生产一种工业产品时,可实测或直接计算出单位产品取水量。当生产各种不同产品的生产过程交叉重叠时,就需要对交叉部位分段测定水量,以便将交叉部位的水量分割到相应的工业产品中。

工业用水重复利用率涵盖了冷却水循环率、工艺水回用率和锅炉蒸汽冷凝水回用率三个指标,而当前冷却水循环率、工艺水回用率和锅炉蒸汽冷凝水回用率一般只是个别企业有较准确的统计数据,而整个城市综合性的指标数据很难找到。因此,鉴于实际情况,在分析工业节水评价时只从中选择了宏观的重复利用率指标。对于城市间的横向比较来说,城市总的工业用水重复利用率仍在很大程度上受城市行业结构不同的影响,造成该指标的横向可比性差,如以电力、石油、化工,冶金工业取水为主的城市与以机械、纺织工业取水为主的城市,工业用水重复利用率不能直接比较。因此,首先把各行业作为城市之间横向比较的因素来进行分析,有利于消除城市间因行业结构不同而造成的万元产值取水量及重复利用率的不可比性的缺陷。该指标的这个特点和万元产值取水量是类似的,因此可以用处理万元产值取水量指标的方法来处理该指标。

单方节水投资在一定程度上反映了一个城市的工业节水能力以及评价对象城市对节水项目建设的重视程度。一般地,城市对节水项目的重视程度越高,则单方工业节水投资额就越低。

万元产值废水排放量在一定程度上反映了工业废水对环境的影响程度,因为对于工业废水造成的环境污染很难进行量化测定,该指标虽然不能全面代表其对环境的污染程度,但也有一定的代表性。该项指标越高,说明该地区的工业用水所带来的环境污染越大,越不利于可持续发展,也不利于人们的日常生活。该指标也能在一定程度上反映城市对工业废水的管理水平和重视程度。

附属生产日人均取水量既能反映不同企业、不同工业部门职工生活用水和厂区绿化用水的情况。同时,也能反映工业生产中生产和生活用水的比例。由于附属生产日人均取水量受行业、地区及生产环境条件等因素影响较大,一般只作为工业企业或地区行业内部的考核指标。因此,该项指标在城市工业节水评价时,不论是对城市工业节水进行评价还是对城市各行业节水评价时均不被采用。

2.湖南省工业节水指标

基于以上分析剔除其中不适用的指标,去掉重复性指标,遵循全面性、科学性、可行性、动态性原则,选取有代表性的指标,将适用指标进行整理,即得到了评价指标体系,如图 5-2 所示。

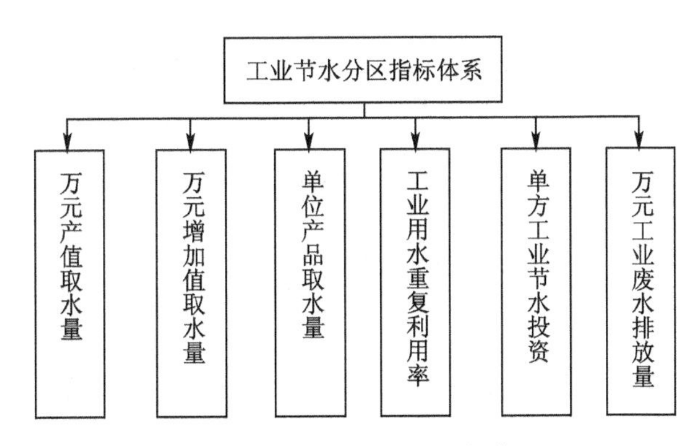

图 5-2　工业节水评价指标体系

其中,万元产值取水量和重复利用率是综合性指标,而且相关数据资料多而全,因此无论从全面性、科学性、可行性方面,都应该将其作为综合评价指标;万元增加值取水量的作用则是评价一个城市工业节水的发展趋势,它反映了城市工业产值增加引起的用水量的增加情况,而且在一定程度上反映该城市工业节水的重视程度和管理水平;单位产品取水量则主要体现了城市工业生产在技术设备方面对工业用水造成的影响;单方工业节水投资是从节水项目建设方面评价城市工业节水的效率;万元产值废水排放量则主要是从动态性角度来评价的,一方面对工业废水的处理水平有所反映,另一方面,还考虑到对环境的影响。当然影响工业节水水平的因素是众多的,还应考虑其工业结构、技术水平、管理等定性方面的因素进行比较综合全面的评价。但是考虑到涉及部门较多,定性成分较大,数据难以收集,缺乏可行性,因此本次节水评价指标体系重点考虑以上 6 项指标。6 项指标数据收集较为便捷且能较为准确地评价对应地区的工业节水水平。但是由于高耗水行业的行业结构对工业节水影响较大,对于高耗水行业,建议对其可进一步地评价,具体高耗水行业工业节水指标体系详见 5.4.2.3 节。

5.4.2.3　高耗水行业节水评价指标体系

由于行业结构的不同对工业节水的影响很大,而且在进行工业节水改进措施或者完善制度时,都需要按照各个行业的具体情况来进行有针对性的分析,因此在工业节水综合评价时,有必要将各个行业进行分别比较,以此找出各个行业中的不足。由于行业过多,且行业内部产品结构差异的影响,要具体分析每个行业每种产品的用水情况,是一个相当复杂而庞大的工程。因此,工业节水的重点应放在高耗水行业上,如火力发电、造纸、纺织、印染、石油化工、冶金、医药等。参照《城市与工业节约用水手册》中对各个行业工业节水指标体系的制定,总结出几大高耗水行业的评价指标及参考标准,见表 5-4。

表 5-4 高耗水行业评价指标体系

序号	行业分类	节约用水指标
1	火电	单位产品取水量、重复利用率
2	造纸行业	重复利用率、万元产值取水量、单位产品取水量
3	纺织行业	重复利用率、单位产品取水量、废水回收率、冷却水循环率、单位产值新水量
4	印染行业	重复利用率、万元产值取水量、单位产品取水量、工业废水处理率
5	石油化工行业	重复利用率、万元产值新水量、冷却水循环率、工艺水回用率、锅炉蒸汽冷凝水回用率、企业职工人均生活日新水量、单位产品新水量
6	冶金行业	单位产品新水量、循环水重复利用率、工业废水回用率
7	医药行业	生产用水重复利用率、万元产值取水量

1.火力发电业

火力发电业用水主要是锅炉补充水、冷却水、冲灰水、少量生活用水及其他用水。单位产品用水量与水的重复利用率是该行业的主要节水指标。

2.造纸行业

造纸行业属于用水大户,水主要用作清洗与漂洗产品,基本做到了白水回用。我国约33%的造纸企业分布于长江中下游地区,是造纸工业较为集中、用水量较大的地区。由于国家环保和节水工作力度加大,我国造纸工业吨浆纸平均综合取水定额从 2000 年的 197.5 m^3 降至 103 m^3。根据《造纸工业发展“十二五”规划》,到 2015 年,全国吨浆纸平均综合取水定额降至 70 m^3。近年来,国内一些大型制浆造纸企业通过引进国外先进技术,目前 1 t 纸浆取水量低于 30 m^3(如岳阳纸业砘纸用水量在 10 m^3 以下),而国外 1 t 纸浆取水量为 30~50 m^3(2006 年统计数据)。与国外发达国家造纸工业先进用水水平相比,我国一些先进大型造纸企业用水水平已经接近或达到国际先进水平。但我国造纸工业吨浆纸综合取水量仍是发达国家先进水平的约 1.7 倍,造纸工业节水潜力较大。单位产品取水量、万元产值取水量和水的重复利用率是造纸行业节水的主要控制指标。

3.纺织行业

纺织行业主要为工艺用水、空调用水、间接冷却水、锅炉水、上浆水及生活用水,其中多数工艺水可重复回用。许多城市如上海、北京等地采用冬灌夏用储能工艺用水,重复利用率达 90%以上。重复利用率、单位产品取水量、废水回收率、冷却水循环率、单位产值新水量是纺织行业节水的主要控制指标。

4.印染行业

印染行业主要是挠毛、整理、拉幅、打码及蒸汽用水。因老企业较多,设备新度系数低,用水浪费严重,重复利用率仅在 28.8%左右,万元产值取水量为 110 m^3/万元,单位产品取水量随各地水资源丰贫而有较大差距。此外,印染行业废水排放量大,约占总取用水量的 80%(2018 年统计)。重复利用率、万元产值取水量、单位产品取水量、工业废水处理率是印染行业节水的主要控制指标。

5.石油化工业

石油化工业用水主要是生产用水、生活用水和外供水。废水排放污染物主要有挥发分、氰化物、石油类、COD、硫化物和氨氮。在评价指标中,将重复利用率、万元产值新水量、冷却水循环率、工艺水回用率、锅炉蒸汽冷凝水回用率、企业职工人均生活日新水量、单位产品新水量作为石油化工行业的节水评价指标。

6.冶金行业

冶金行业中,水主要用于熄焦、各种炉体冷却、轧钢设备冷却及气体洗涤等。单位产品新水量、循环水重复利用率、工业废水回用率是冶金行业节水的主要控制指标。

7.医药行业

医药行业用水主要用作化学合成制药、微生物发酵制药及制剂。化学合成制药用于配制溶液、机械冷却及锅炉蒸馏水等;微生物发酵制药用于调制培养基、加热(蒸汽)灭菌、冷却用水、锅炉用水、离子交换设备用水、洗涤及结晶等;制剂用于洗涤、配制药液及生活用水。其中,化学合成和微生物发酵以冷却水用量最大。万元产值取水量和生产用水重复利用率作为医药行业的节水控制指标。

5.4.3　工业节水评价

对工业节水的评价是一个较为复杂的问题,利用物元分析方法可以建立评价指标参数的工业节水评定模型,并能以定量的数值表示评定结果,从而较完整地反映实际工业节水的综合水平,进而针对评价结果提出合理节水措施,以提高城市工业节水水平。

5.4.3.1 评价物元的表示

给定事物 N,它关于特征 c 的量值为 v,可用有序三元组 $R=(N,v,c)$ 描述事物的基本元,简称物元。由于可用 N 和 c 确定记为 $v=c(N)$,故物元也可表示为 $R=(N,c,c(N))$。当事物具有 n 个特征和相应的 n 个量值时,则表示为

$$R=\begin{bmatrix} N, & c_1, & v_1 \\ & c_2, & v_2 \\ & \vdots & \vdots \\ & c_n & v_n \end{bmatrix} \tag{5-23}$$

称 R 为 n 维物元,简记为 $R=(N,v,c)$,对于每一维物元称为分物元。

此时对于特定行业的每个评价指标都是其节水评价物元的分物元。而对于城市节水评价,该城市内每个行业的评价物元又是其城市节水评价物元的分物元。对所有工业节水的评价可以归纳为如下问题:

设 $P=\{$节水现状→ 节水目标$\}$,$P_0=\{$节水目标$\}$,对任何 $p\in P$,试判断 p 是否属于 P_0,并对 p 属于 P_0的程度进行评价,即给出该工业节水的评价结果。

5.4.3.2 确定经典域和节域

$$R_{0j}=(P_{0j},c_i,X_{0ij})=\begin{bmatrix}P_{0j} & c_1 & X_{01j}\\ & c_2 & X_{02j}\\ & \vdots & \vdots\\ & c_n & X_{0nj}\end{bmatrix}=\begin{bmatrix}P_{0j} & c_1 & (a_{01j},b_{01j})\\ & c_2 & (a_{02j},b_{02j})\\ & \vdots & \vdots\\ & c_n & (a_{0nj},b_{0nj})\end{bmatrix} \tag{5-24}$$

式中:R_{0j}为事物第j个等级的物元模型; P_{0j}为事物第j个等级$j=(1,2,3,\cdots,m)$;c_i为P_{0j}的第i个特征;$X_{01j},X_{02j},\cdots,X_{0nj}$分别是$P_{0j}$关于$c_i$的取值范围,即经典域。经典域的直观含义是事物各属性变化的基本区间,并且X_{0ij}的取值范围是区间(a_{0ij},b_{0ij}),可记为$X_{0ij}=(a_{0ij},b_{0ij})$。

$$R_P=(P,c,X_P)=\begin{bmatrix}P & c_1 & X_{P1}\\ & c_2 & X_{P2}\\ & \vdots & \vdots\\ & c_n & X_{Pn}\end{bmatrix}=\begin{bmatrix}P & c_1 & (a_{P1},b_{P1})\\ & c_2 & (a_{P2},b_{P2})\\ & \vdots & \vdots\\ & c_n & (a_{Pn},b_{Pn})\end{bmatrix} \tag{5-25}$$

式中:R_P为事物评价等级经典域的物元模型;$X_{P1},X_{P2},\cdots,X_{Pn}$分别为$P$关于$c_1,c_2,\cdots,c_n$的取值范围,即$P$的节域。记$X_{Pi}=(a_{Pi},b_{Pi})$,$i=1,2,3,\cdots,n$,显然$X_{0i}\subset X_{Pi}$,$i=1,2,3,\cdots,n$。

5.4.3.3 计算关联函数值

(1)距和距的计算。

$$\left.\begin{aligned}\rho(v_i,X_{0ji})&=\left|v_i-\frac{1}{2}(a_{0ji}+b_{0ji})\right|-\frac{1}{2}(b_{0ji}-a_{0ji}) \quad j=1,2,\cdots,n;i=1,2,\cdots,m\\ \rho(v_i,X_{Pi})&=\left|v_i-\frac{1}{2}(a_{Pi}+b_{Pi})\right|-\frac{1}{2}(b_{Pi}-a_{Pi}) \quad j=1,2,\cdots,n;i=1,2,\cdots,m\end{aligned}\right\} \tag{5-26}$$

其中,$\rho(v_i,X_{0ji})$,$\rho(v_i,X_{Pi})$分别表示点v_i与区间X_{0ji}和X_{Pi}的接近度。

(2)关联函数值的计算。

$$K_j(v_i)=\frac{\rho(v_i,X_{0ji})}{\rho(x_i,X_{Pi})-\rho(x_i,X_{0ji})} \quad (j=1,2,\cdots,n;i=1,2,\cdots,m) \tag{5-27}$$

其中,$K_j(v_i)$表示待评物元的第i个评价指标c_i关于第j类的关联度。

5.4.3.4 综合评价

$$K_j(P_0)=\sum_{i=1}^{n} w_{ij}K_j(v_i) \tag{5-28}$$

式中:w_{ij}为各项评价指标所占权重;$K_j(P_0)$为评价对象P_0关于类别j的关联度。若$K_j=\max K_j(P_0)$;$j=1,2,3,\cdots,m$,则评定P_0属于类别j。

5.4.4 工业节水评价结果

5.4.4.1 权重的确定

采用层次分析法确立指标的权重,以期以较小的人力、物力得到较为满意、准确的评价结果，进而确定指标的权重，见表 5-5。

表 5-5　评价指标体系权重

指标	万元产值取水量	万元增加值取水量	单位产品取水量	重复利用率	单方工业节水投资	万元废水排放量
权重(%)	25	10	10	25	15	15

即权重向量 $w=(w_1, w_2, w_3, w_4, w_5, w_6)'=(0.25, 0.10, 0.10, 0.25, 0.15, 0.15)'$。

5.4.4.2　评价结果

为了合理评价各行业的节水状况，对各评价指标划为差、一般、好、较好四个等级[若 $K_j=\max K_j(P_0), j=1,2,3,\cdots,m$，则评定 P_0 属于类别 j]。以 R_a、R_b、R_c 等分别表示待评价的城市甲、乙、丙等。以 c_1、c_2、c_3、c_4、c_5、c_6 分别表示工业万元产值取水量、万元增加值取水量、单位产品取水量、工业用水重复利用率、单方工业节水投资和工业万元废水排放量几个指标。

计算出各个城市的关联函数值及综合评价值，为简便起见，其距值表和关联函数表均未列出，只给出综合评价结果对照表。计算结果见表 5-6。

表 5-6　综合评价结果对照

序号	地区	K_1 差	K_2 一般	K_3 好	K_4 较好	所属等级
1	长沙市	-0.210	-0.430	0.338	-0.579	好
2	株洲市	-0.566	-0.612	-0.375	-0.013	较好
3	湘潭市	-0.388	-0.521	-0.296	-0.019	较好
4	衡阳市	-0.388	-0.111	-0.521	-0.204	一般
5	邵阳市	-0.347	-0.204	-0.214	-0.419	一般
6	岳阳市	-0.380	-0.214	-0.376	-0.247	一般
7	常德市	-0.501	-0.241	-0.349	-0.247	一般
8	张家界市	-0.363	-0.505	-0.456	-0.388	差
9	益阳市	-0.393	-0.264	-0.281	-0.355	一般
10	永州市	-0.340	-0.274	-0.281	-0.355	一般
11	怀化市	-0.388	-0.281	-0.338	-0.283	一般
12	娄底市	-0.430	-0.283	-0.286	-0.332	一般
13	郴州市	-0.409	-0.282	-0.312	-0.262	较好
14	湘西州	-0.323	-0.515	-0.466	-0.389	差

5.5　小　结

(1)以湖南省 14 个市(州)为评价单元，利用建立的农业节水综合评价指标体系，通过模糊层次评价法对湖南省农业节水进行了综合评价，采用模糊层次分析的方法，可以将4个指标层的评价值都得到，能更直观地分析各个指标对农业节水的综合影响，从而具有更好的指导意义，但运用该方法计算，有多少评价地区或样本，就要进行多少次的操作，如果还要得到各层次的评价指标，就必须再次对各地区或样本的评价结果进行重复操作，才能得到评价值，因而一旦计算样本过多，该方法过程较为烦琐。

(2)目前，城市工业节水已经引起广泛的重视。为使各城市更清楚地认识自身的工业节水现状，更合理、有效地利用水资源，缓和工业迅速发展与水资源日益紧缺的矛盾，急需对城市工业节水水平的综合评价方法进行研究。客观地对各城市工业节水水平进行综合评价，有利于城市工业节水各方面取长补短，相互借鉴，更有效地节约工业用水。但在城市工业节水综合评价方面的研究却甚少，而且方法单一，不能全面客观地反映城市工业节水的综合水平，而城市工业用水在城市用水中占有较大比例，因此研究工业节水综合评价对于城市节水具有重大的现实意义。针对该情况，在结合已有研究的基础上，建立了一套比较全面的城市工业节水评价指标体系，并针对城市工业节水现状及节水目标之间的矛盾，用物元分析理论进行分析评价。

(3)在收集资料的过程中，只有14地市(州)的统计数据，不能落实到地区的各个区(县)，所以限制了本研究的深入。

(4)城市工业节水综合评价指标体系只建立了一层综合评价指标，而未进行指标细分，对各行业的评价指标分析不全面；分析中的数据，虽然是参考实际城市数据，但由于各城市数据不全面，文中所用数据来自多个城市的指标数据。

第6章　节水型灌区和节水型工业园区评价标准研究

《湖南省节水型社会建设"十三五"规划》提出，要加快修订和完善农业、工业、服务业和城镇生活行业用水定额标准，编制节水型灌区评价标准、湖南省节水农业管理条例、节水型工业园区评价标准，完善节水标准体系。本书研究结合湖南省实际，开展灌区和工业园区调研，参照国家有关标准、其他省市节水型灌区节水型工业园区的试点经验和建设成果，探讨研究湖南省节水型灌区建设评价标准和节水型工业园区评价标准，为推进湖南省节水型社会建设标准体系提供参考。

6.1　节水型灌区评价标准研究

6.1.1　湖南省农业生产基本情况

湖南是农业大省，是全国13大粮食主产区之一，在全国具有重要地位。2016年，湖南省总耕地面积为414.876万hm^2，占当年全国总耕地面积的3.1%；全省粮食总产量3 002.9万t，占全国粮食作物总产量的4.8%。全省目前已建成23个大型灌区，661个中型灌区、小于1万亩[1]大于等于2 000亩的小型灌区1 560处和众多小微型灌区。大型灌区设计灌溉面积810.4万亩，是全省粮食的主要生产基地，粮食总产量占全省的1/4。

2016年，全省农作物播种面积13 075.5万亩，其中粮食播种面积7 417.05万亩（粮食作物中稻谷种植面积6 171.15万亩），油料种植面积2 167.65万亩，棉花种植面积171万亩，糖料种植面积19.5万亩，蔬菜种植面积2 059.35万亩，瓜果类种植面积227.55万亩，茶叶种植面积196.83万亩，水果种植面积799.6万亩。2016年作物种植结构见图6-1。

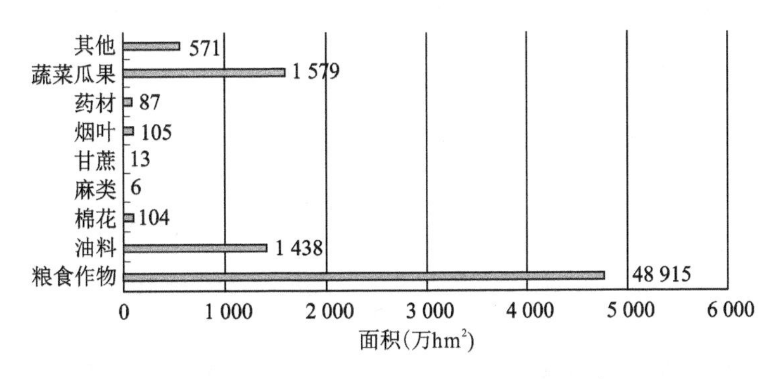

图6-1　2016年全省农作物播种面积分布

[1] 1亩=1/15 hm^2，下同。

湖南省属于南方丰水地区，近年来作物种植结构发生较大改变，2006~2016年，农作物种植面积中，水稻种植比由49.3%下降到46.5%，油料种植面积由10.5%增长到16.4%，瓜果蔬菜种植比由12.5%提高到18.0%。

农户种植行为变化主要呈现以下三个趋势：一是水稻两季改为一季种植；二是灌溉作物改为旱作作物种植；三是粮食作物改为经济作物种植。

水资源丰富与否极大影响农户的种植行为，温室效应的增强和极端气候的增多影响了田地间地表水的水量，因而农户会根据灌溉条件，在种植灌溉作物还是旱作作物之间进行选择。南方地区的粮食作物以需水作物水稻为主，田地水资源匮乏会极大影响水稻的种植。当田地水资源不充足时，农户不愿意单家独户投入人力、物力从附近的水源引水种植水稻，通常将水稻改为旱作作物。将灌溉作物改成旱作作物的农户占比达35.16%，调研中了解到农户因水源不充足而改变种植作物的现象比较普遍。

完善农村农田水利设施，保障水稻等需水作物的水量需求，推广节水和节省劳动力投入的种植技术和作物品种，以适应当前务农壮年劳动力较少和田地灌溉设施不完善的现状。

6.1.2 湖南省“十二五”节水灌溉基本情况

湖南省水资源总量相对丰沛，但是由于三面环山的特殊地形造成全省水资源区域分布不均、年内、年际分布不均，季节性缺水、区域性缺水问题突出，同时面临着工程型缺水和水质性缺水。2006~2017年分行业用水统计数据显示，湖南省农业用水占主导地位，其用水量占全省总用水量的60%左右。传统的大水漫灌、淹灌的农业灌溉用水方式管理粗放，加大了水资源的消耗量。因此，灌溉节水大有潜力可挖。同时，农药和化肥的过度施用，造成了农业面源污染不断加重，农业节水势在必行。

“十二五”期间，共实施20处大型、32处中型灌区续建配套和节水改造，27处大型灌排泵站更新改造。新增、恢复灌溉面积352.8万亩，改善灌溉面积273.6万亩，新增高效节水灌溉面积127.7万亩。农田灌溉水利用系数从2010年的0.46提高到2015年的0.496。

湖南省主要结合实施南方节水减排行动、规模化节水灌溉增效示范等，促进了高效节水灌溉的发展。至2015年，全省节水灌溉面积达522.3万亩，其中高效节水灌溉面积24万亩（管道输水灌溉15.8万亩，喷灌6.6万亩，微灌1.6万亩），高效节水发展相对较为缓慢。

6.1.3 典型灌区选择

6.1.3.1 典型灌区选取原则

1.代表性原则

灌区自然地理条件、作物种植结构有代表性，能反映全省不同地区农业生产结构、农业用水情况。

2.先进性原则

近年来实施了节水灌溉措施，并且效果明显；用水计量设施较完善，用水情况明晰；节水管理制度建设等方面有引领作用。

6.1.3.2 选取结果

研究进行期间，收集了2016~2017年全省10个大型灌区、21个中型灌区、24个小型灌区和 120 个灌渠微型灌区的灌溉用水量调查成果，同时对 6 个大型灌区和 1 个中型灌区进行了典型节水调查，基本覆盖全省各个水资源分区。

本次典型灌区选择考虑湖南省自然地理、水资源分布并兼顾“十三五”节水型社会建设规划分区成果，分区域选择了 6 个大型灌区，1 个中型灌区作为典型。典型灌区基本情况见表 6-1。

表 6-1　湖南省典型灌区选择及基本情况

典型区域	灌区名称	灌区规模	灌区概况
洞庭湖及环湖区（湘东北）	铁山灌区	大型	铁山水库是湘北最大的水利工程，承担岳阳市近百万城镇居民的生活用水，同时具有防洪、拦沙、发电、养鱼、旅游等综合效益。铁山灌区覆盖岳阳县、汨罗市、临湘市、岳阳楼区和岳阳经济技术开发区等 5 个县（市、区），设计灌溉面积 85.41 万亩，占岳阳市耕地面积的 1/5
洞庭湖及环湖区（湘西北）	澧阳平原灌区	大型	澧阳平原灌区位于湖南省常德市境内，属第四系江河冲积平原。灌区内总土地面积 85.71 万亩，其中耕地面积为 45.5 万亩，设计灌溉 16 个乡镇，灌溉面积为 40.49 万亩
湘东山丘区	酒埠江灌区	大型	酒埠江水库是株洲市最大的水利工程，酒埠江灌区有 5 条干渠，总长 227 km，总灌溉面积达 52 万亩，受益范围覆盖株洲攸县、醴陵市及江西萍乡市等多个县（市、区）境内 14 个乡镇，是湖南省内唯一既跨县又跨省的大型灌区
湘北丘岗区	韶山灌区	大型	灌溉湖南省双峰、湘乡、韶山、湘潭、宁乡、望城等县市 2 500 km^2范围的近 6.67 万 hm^2 农田，兼具防洪排涝、发电、航运、养殖、供水等综合利用功能
湘西南山丘区（衡邵干旱走廊）	六都寨灌区	大型	六都寨灌区设计灌溉面积 36.34 万亩，控灌隆回、新邵、邵阳和北塔等三县一区的 16 个乡镇 419 个村，受益人口 45.8 万
湘南山丘区	欧阳海灌区	大型	欧阳海灌区工程地处湘江支流舂陵水和耒水下游地区，灌面分布在耒阳、衡南、常宁三县和衡阳市郊，可灌溉农田 72.74 万亩
长株潭地区	桐仁桥灌区	中型	桐仁桥水库位于长沙县北部高桥镇，水库的供水范围涉及 5 个乡镇内 16 个行政村、1 个省级农业科学城的 3.2 万亩农田，同时肩负 10 个乡镇约 16 万人的自来水水源供应，年供水量约 440 万 m^3

6.1.3.3 调研主要成果及节水建设经验

1.调研主要成果

2016~2017年灌溉用水量调查成果显示,全省灌区亩均灌溉毛用水量为503 m³/亩。大型灌区亩均灌溉毛用水量为455 m³/亩,中型灌区亩均灌溉毛用水量为491 m³/亩,小型灌区亩均灌溉毛用水量为522 m³/亩,渠灌型灌区亩均灌溉毛用水量为524 m³/亩。2016年亩均灌溉毛用水量见表6-2。

表6-2 湖南省灌区用水调查成果

灌区类型	调查数量统计	灌溉面积(万亩)			取水量(万 m³)				灌溉毛用水量(万 m³)	亩均灌溉毛用水量(m³/亩)
		设计	有效	实际	地表水	地下水	其他水源	合计		
大型	10	330.4	272.7	252.7	98 585.5	1 708.0	14 727.4	115 020.9	115 020.9	455
中型	21	89.3	62.3	44.4	21 819.7	0.0	0.0	21 819.7	21 819.7	491
小型	24	8.4	6.8	5.2	2 735.6	0.0	0.0	2 735.6	2 735.6	522
灌渠	120	822.5	665.5	621.9	321 750.3	0.0	3 892.1	325 642.4	325 642.4	524
合计	175	1 250.6	1 007.3	924.1	444 891.0	1 708.0	18 619.5	465 218.5	465 218.5	503

典型灌区调研成果见表6-3和表6-4。

从典型灌区调研成果看,桐仁桥灌区无论从节水技术指标方面还是节水制度建设及管理方面,都走在全省前列。

2.桐仁桥灌区基本情况及节水建设经验

桐仁桥水库位于长沙县北部高桥镇,建成于1979年,总控制集雨面积15.5 km²,总库容1 870万 m³。水库的供水范围涉及5个乡镇内16个行政村、1个省级农业科学城的3.2万亩农田,同时肩负10个乡镇约16万人的自来水水源供应,年供水量约440万 m³。

灌区拥有主干渠24.6 km,支渠34.1 km。

自2011年以来,长沙县桐仁桥水库灌区按照"一个原则、两类工程、三项措施、四级管理"的总体思路,开展灌区基础设施建设并在此基础上逐步推进农业水价综合改革,最终实现灌区节水及长效管理。

1)灌区节水基础设施建设

桐仁桥灌区节水基础设施建设主要措施有:①渠系改造;②推广应用以管道灌溉为主的高效节水灌溉工程,推行农艺等非工程措施节水;③创新研发灌区智能远程自控系统,实现灌区供水自动计量。

渠系改造主要采取了渠道防渗技术。渠道防渗技术能最有效地减少渠道渗漏损失,提高农业用水利用率,更有效地利用水资源。经验表明,浆砌块石衬砌防渗较土渠减少渗漏损失50%~60%;混凝土衬砌防渗较土渠减少渗漏损失60%~70%;塑料薄膜防渗较土渠减少渗漏损失70%~80%。

表6-3　典型灌区节水调查技术指标成果

序号	考评内容	考评方法	澧阳灌区			六都寨灌区			韶山灌区			铁山灌区			酒埠江灌区			欧阳海灌区			桐仁桥灌区		
			2017年	2016年	2015年	2017年	2016年	2015年	2017年	2016年	2015年	2017年	2016年	2015年	2017年	2016年	2015年	2017年	2016年	2015年	2017年	2016年	2015年
1	亩均综合毛用水量	灌区全年灌溉总用水量/实际灌溉面积	498	480	479	612	588	624	544	561	563	670	785	761	554	562	538	540	0	0	496	437	542
2	灌溉水利用系数	查资料：灌溉水利用系数=灌入田间的水量（或流量）÷渠首引进的总水量（或流量）	0.523	0.515	0.506	0.501	0.499	0.499	0.531	0.519	0.519	0.512	0.518	0.501	0.503	0.493	0.488	0.500	0.498	0.495	0.610	0.620	0.590
3	渠系水利用系数	查资料：渠系水利用系数=末级固定渠道放出的总水量÷渠首引进的总水量	0.551	0	0	0.59	0	0	0.59	0	0	0.57	0	0	0.533 7	0	0	0.54	0	0	0.64	0	0
4	水分生产率（kg/m^3）	查资料：水分生产率=作物单位面积产量÷作物全生育期耗水量	1	0	0	0.75	0	0	1.51	0	0	1.5	0	0	2.19	0	0	1.1	0	0	2.65	0	0

续表 6-3

序号	考评内容	考评方法	澧阳灌区			六都寨灌区			韶山灌区			铁山灌区			酒埠江灌区			欧阳海灌区			桐仁桥灌区		
			2017年	2016年	2015年	2017年	2016年	2015年	2017年	2016年	2015年	2017年	2016年	2015年	2017年	2016年	2015年	2017年	2016年	2015年	2017年	2016年	2015年
5	用水计量率（%）	查资料、看现场：用水计量率=（渠道上已安装计量设施数÷应安装计量设施数）×100%	2	0	0	50	50	50	100	100	100	38	36	31	3	3	3	19	19	19	100	100	100
6	节水灌溉工程控制率（%）	查资料、看现场：节水灌溉工程控制率=（节水灌溉工程面积÷有效灌溉面积）×100%	13.3	9.2	7.1	0.0	0.0	0.0	1.7	1.7	1.5	60.0	58.1	56.3	39.9	39.7	34.8	0.0	0.0	0.0	92.3	73.8	74.2
7	灌溉设施完好率（%）	灌溉设施（骨干）完好数量/灌溉设施总数量	55.6	55.4	41.5	65.0	65.0	65.0	5.1	5.1	5.1	95.6	95.6	95.6	2.7	1.3	2.0	82.6	80.8	81.5	32.3	47.6	76.9

表6-4　典型灌区节水调查管理指标成果

编号	指标类型	指标	澧阳灌区		六都寨灌区		韶山灌区		铁山灌区		酒埠江灌区		欧阳海灌区		桐仁桥灌区	
			有	无	有	无	有	无	有	无	有	无	有	无	有	无
1	组织机构	1)有专职管理机构或相关其他管理机构	有		有		有		有		有		有		有	
2		2)有专职节水管理人员	有		有		有		有		有		有		有	
3		3)有节水书面岗位责任制		无	有			无		无	有		有			无
4	制度建设	1)有严格的灌区用水管理制度	有		有		有			无	有		有		有	
5		2)用水原始记录齐全,统计台账数据准确可靠	有			无	有		有			无	有		有	
6		3)管理机构清楚灌区用水情况,有完整的灌区供排水渠道分布图及用水设施和计量设施分布图	有		有		有			无	有		有		有	
7		4)定期巡回检查,有巡查记录,发现问题及时解决,无大水漫灌等浪费水现象	有		有		有			无		无	有			无

续表 6-4

编号	指标类型	指标	澧阳灌区		六都寨灌区		韶山灌区		铁山灌区		酒埠江灌区		欧阳海灌区		桐仁桥灌区	
			有	无	有	无	有	无	有	无	有	无	有	无	有	无
8	计划用水	1）制订并向基层用水单位下达年度用水计划	有		有		有			无		无	有		有	
9		2）有多水源联合调配方案（仅有单一水源的按空项折算）	有		有		有			无				无		无
10	节水宣传	1）灌区有专门的节水宣传栏、标语、标识	有		有		有			无	有		有		有	
11		2）管理单位职工和区内群众有较强节水意识	有		有		有		有		有		有		有	
12	信息化建设和墒情监测	1）开展灌区用水自动监测等信息化工作		无	有		有		有		有		有		有	
13		2）开展墒情监测工作		无		无		无		无		无	有			无

自压管道灌溉系统是充分利用地形的自然高差形成的压力水头,通过管道形成的压力管道系统输水到田间的节水灌溉系统。低压管道灌溉系统运行不需要消耗电能就可配套低压管道灌溉节水灌溉设施,并起到明显的节水作用。管道水利用系数平均在0.95以上,与土渠灌相比,平均亩次毛灌水量减少30~40 m^3,减少渠道占地10%,减少提水能耗30%~40%。低压管道输水地面灌溉系统具有节水(30%)、节地(7%~13%)、造价低廉、快速输水和便于管理等优点。

(1)工程节水措施及投资。

桐仁桥灌区以农田基础设施建设为契机,大力推进渠系改造及以田间管道灌溉为主的节水工程措施。

2011年完成了主干渠和支渠改造,总投资3 100万元,干支渠系水利用系数由原来的0.5左右提高到0.76左右。自2013年开始,已在范林、高桥、百录等8个用水户协会及隆平科技园实施管道节水改造,灌区采用自压管道灌溉系统(三圣庙渡槽自压供水)运行模式和小水利工程(草塘水库和提水泵站)联合系统运行模式。截至目前,共完成节水措施投资近1 500万元,铺设管道近70 km。

(2)非工程节水措施。

仅通过高效节水灌溉工程措施不能达到节水的目的,必须与种植结构调整、农艺节水措施相结合,如改善灌溉制度、深耕蓄水保墒、地面覆盖技术、增施有机肥、调整植物的布局结构等,才能最大限度地发挥高效节水技术的节水效果。

2015~2017年,桐仁桥灌区作物种植面积中,水稻占84.8%,油菜占4.1%,果蔬等其他作物占11.1%。灌区作物种植结构与湖南省总体情况接近。

桐仁桥灌区在水稻灌溉种植过程中采用了根据高产节水的"薄、浅、湿、晒"的灌水经验,制定出符合本地实际的灌溉制度,不但能使亩均节水量达80 m^3左右,同时对提高水稻产量起到了重要作用。

2)灌区运行管理措施

通过节水型社会建设,建设基层用水管护及节水载体——农民用水户协会,实现灌区运行的三级管护机构,即桐仁桥灌区—乡镇水务管理站—农民用水户协会。

灌区运行维护实行三级负责制,桐仁桥灌区主干渠由桐仁桥水库管理所管理,支渠、小水闸、机台等由镇水务管理站进行管理,斗渠及以下排灌设施由农民用水户协会或村组进行管理。主干渠的渠道维护,实行财政包干制;支渠进口分水闸、机台等调度、运行、维护管理,由镇水务管理站实行补助制,向社会购买服务进行管理;斗渠及以下渠道、渠系建筑物由受益农民用水户协会、行政村管理,采取水费返还及考核奖励方式。水费返还部分,其中50%用于协会(村)基础水费返还,支付看水及管护人员工资、砍青除杂等养护费用;经对各协会(村)考核验收后,综合返还30%,用于支渠、斗渠及毛渠的维修养护,余下的20%除用作高价回收的节约水权水费部分外,全部用于奖励渠系维修维护管理好、用水管理有序、水利用效率高的协会或临时管水组织、行政村。从实施情况来看,基本能够满足工程运行。

3)灌区农业水价综合改革措施及实施情况

(1)水价改革制度建设。

合理制定了水权分配机制、水费管理机制、水权转让机制、综合绩效考核机制;制度完善保障水价改革运行,组织编制《长沙县桐仁桥水库灌区水权水费制度改革实施纲要及办法(试行)》等全面指导水价改革工作实施。

(2)水价改革实施情况。

桐仁桥灌区实行"先费后水"的制度,水稻种植区各协会、行政村按0.04元/m^{3}预交基本水权水费,对于超基础水权用水部分,实行阶梯计价、超用加价,递增50 m^3/亩以内部分,加收0.02元/m^3,递增50~100 m^3/亩以内,加收0.06元/m^3。同时,实行水权可流转,鼓励未使用或节余的水权指标在各协会、农户之间自由流转,也可以由桐仁桥水库管理所负责回购或结转至下一个灌溉期。由于桐仁桥水库承担着长沙县北部11个乡镇的农村安全饮水供水任务,日供水量达到2.6万t,供水压力大,所以目前最主要的水权交易形式由桐仁桥水库管理所负责回购。按照节约有奖原则,实行阶梯回收,节约50 m^3/亩以内部分,按0.06元/m^3、节约50~100 m^3/亩以内部分,按0.10元/m^{3}予以回购。长沙县桐仁桥灌区分类阶梯水价见表6-5。

表6-5 长沙县桐仁桥灌区分类阶梯水价

序号	作物种类	定额水价	节约回购水价		超额加收水价	
			0~50 m^3	50~100 m^3	0~50 m^3	50~100 m^3
1	水稻	0.04元/m^3	0.06元/m^3	0.1元/m^3	0.06元/m^3	0.1元/m^3
2	玉米	0.04元/m^3	0.06元/m^3	0.1元/m^3	0.06元/m^3	0.1元/m^3
3	茶叶	0.08元/m^3	0.12元/m^3	0.2元/m^3	0.12元/m^3	0.2元/m^3
4	蔬菜(混合)	0.08元/m^3	0.12元/m^3	0.2元/m^3	0.12元/m^3	0.2元/m^3
5	安饮用水	0.1元/m^3				

(3)水价改革实施效果及保障。

从2013年灌区推行节水灌溉以来,水库年农业灌溉补水量从2013年的780万m^{3}骤降至2014年的300万m^3。2016年全灌区亩均用水量为437 m^3/亩,桐仁桥水库补水量为148 m^3/亩,节水效果明显。2016年回购水量110余万m^3,回购资金5.7万元。2017年全灌区亩均用水量达到168 m^3/亩,回购水量28万m^3,回购资金1.5万元。通过实施水价改革和水权交易,节约了农业灌溉用水量,进一步保障了农村安饮用水的有效安全供给。

水价改革过程中,已建的农民用水户协会参与化解水价改革矛盾,积极推进产权制度改革,强化工程运行管理工作,对推进水价改革起到了不可或缺的推动作用。

综上,桐仁桥灌区采取以下措施推进了水价综合改革:

(1)灌区基础设施建设。进行渠系改造、推广应用以管道灌溉为主的高效节水灌溉工程,推行农艺等非工程措施节水。

(2)节水载体建设。以农民用水户协会为主体实行自建自管。

(3)灌区计量设施建设。研发灌区智能远程自控系统,实现全灌区供水自动计量,对推行水价改革起到关键作用。

(4)水价改革制度建设。合理制定了水权分配机制、水费管理机制、水权转让机制、综合绩效考核机制;制度完善保障水价改革运行,组织编制《长沙县桐仁桥水库灌区水权水费制度改革实施纲要及办法(试行)》等全面指导水价改革工作实施。

(5)运行管理。通过农民用水户协会参与化解水价改革矛盾,积极推进产权制度改革,强化工程运行管理工作。

长沙县桐仁桥灌区以改革促节水,用实践探索了节水型社会建设的道路。通过两年的实施,在合理核定水权、科学调整水价的基础上,建立了灌区水权管理体制和水价形成机制,完善与县域经济发展相适应的农业供水、灌溉管理模式,加强了农民用水户协会的履职能力建设,解决了百姓喝水与作物用水矛盾,实行了灌区供水的自动计量,达到了节约用水和保护水生态的总体目标,获得农民减负增收、农村社会治理加强和生态环境得到保护的改革成效。

6.1.4　节水型灌区评价指标与评价标准

6.1.4.1　湖南省节水型灌区评价现状

节水型灌区是指通过对用水和节水的科学预测与规划,水资源配置优化、节约用水技术应用开发,组织机构健全、产业布局合理、灌排工程配套完善、用水管理科学、生态环境良好、水资源利用高效、综合效益显著,经评价用水效率达到规定标准,并经相关部门或机构认定通过的灌区。

湖南省是农业大省,灌溉用水量占总用水量的60%左右,灌区作为社会的组成部分,其节水措施及效果将直接影响节水型社会建设的成果。“十二五”期间,湖南省在各大灌区开展了节水改造等工程建设,主要实施的措施有渠道砌护与修复、田间工程配套建设、高效节水灌溉技术应用、种植结构调整及灌区组织管理、灌区计划用水、节水宣传等。但是目前仍未出台《节水型灌区评价标准》,难以评定灌区节水建设成果。

通过省内灌区调研,参考国内其他省市的关于节水型灌区建设及考核标准的相关研究成果,以及国家关于灌区节水、节水型社会建设的相关规范、标准等,初步拟定湖南省节水型灌区评价指标及评价标准。

6.1.4.2　节水型灌区评价指标体系

经过全省灌区调研,经专家、基层技术人员咨询,本次节水型灌区评价指标根据湖南省实际,参考水资源较丰沛的浙江、江苏省节水型灌区建设标准,考虑约束性用水指标、产品水效等节水技术指标,载体建设、管理与维护等管理指标和信息化建设和节水管理等鼓励性指标,共列入3类共13个项目指标,其中技术类指标7项,管理指标类5项,鼓励型指标1项。具体情况如下。

1.技术类指标

(1)亩均综合毛灌溉用水量。亩均综合毛灌溉用水量指标用于控制灌区整体用水水平,体现种植结构情况。2016~2017年灌溉用水量调查成果显示,全省灌区亩均灌溉毛用水量为503 m^3/亩。大型灌区亩均灌溉毛用水量为455 m^3/亩,中型灌区亩均灌溉毛用水量为491 m^3/亩;小型灌区亩均灌溉毛用水量为522 m^3/亩,灌渠型灌区亩均灌溉毛用水量为524 m^3/亩。本次评价标准采用湖南省的均值,大型灌区取450 m^3/亩,中型灌区取490 m^3/亩,小微型灌区取520 m^3/亩。

(2)灌溉水有效利用系数。根据《国务院关于实行最严格管理资源意见》的要求,到2020年,全国灌溉水利用有效系数要达到0.55以上。参照《节水灌溉技术标准》(GB 50363—2018)大型灌区0.50,中型灌区0.60,小型灌区0.70,管道输水工程0.8,喷灌0.8,微灌0.85,滴灌0.9。南方水资源较充沛,农民节水意识淡薄,多采用漫灌、沟灌等较粗放的灌溉形式,灌区灌溉水有效利用系数偏低,农田灌溉用水浪费较为严重。根据湖南省灌区用水特点和灌溉现状,节水灌区灌溉水有效利用系数大型灌区取0.52,中型灌区取0.60,小型灌区取0.7。

(3)渠系水利用系数。典型灌区调查成果显示,大型灌区平均渠系水利用系数为0.517,节水做得较好的中小型灌区为0.60。参照《节水灌溉技术标准》(GB 50363—2018),渠系水利用系数大型灌区0.55,中型灌区0.65,小型灌区0.75,管系水利用系数不应低于0.95。根据湖南省灌区用水特点和灌溉现状,渠系水利用系数评价标准大型灌区取0.57,中型灌区取0.65,小型灌区取0.75;管系水利用系数采用0.95。

(4)灌溉设施完好率。节水型灌区建设完成后,灌区各类建筑物完好率达到80%。

(5)节水灌溉工程控制率。节水型灌区建设完成后,发展小畦灌、管灌、水稻控灌、喷灌、滴灌等节水灌溉面积,大中型灌区达到45%,小型灌区达到60%。通过此目标促进灌区节水技术的发展。

(6)用水计量率。干渠渠首安装量水设施的比例。通过计量手段的完善,提高用水计量准确性。到“十四五”末,用水计量率大中型灌区达到75%,小型灌区达到70%。

(7)水分生产率。单方水粮食生产量,此指标可体现出灌区节水建设的增产效益,水区域的水效指标。本次评价采用水分生产率大于1.2 kg/m^3。

2.组织管理类指标

该类指标主要从以下方面考核:①组织机构;②制度建设;③计划用水;④节水设施维护;⑤节水宣传。通过检查资料,确保灌区有专职管理机构、专职管理人员、有相应的管理规章制度、节水载体;灌区节水宣传工作有方案、经常性地开展节水宣传;灌区用水有计划等。通过管理制度的建设保障灌区节水建设有章可循、节水工作长抓不懈。

3.鼓励型指标

开展信息化建设,用水总量控制及水价改革等建设工作。

6.1.4.3 节水型灌区评价标准初探

节水型灌区建设完成后,依照评价指标体系进行考核并进行打分,具体评分标准见考核标准表,其中鼓励型指标占分10分。总分必须达到90分以上可认定为节水型灌区。结合灌区调查制定的湖南省节水型灌区评价指标及评价标准,见表6-6。

表 6-6 湖南省节水型灌区评价标准建议

指标类型	序号	考评内容	考评方法	参考考评标准	标准确定依据	标准分	实得分
节水技术指标	1	亩均用水量(m^3)	灌区全年灌溉总用水量/实际灌溉面积	大型灌区 450,中型灌区 490,小微型灌区 520。每高于标准水平 1%扣 1 分,扣完为止	湖南省灌区用水调查成果	10	
	2	灌溉水利用系数	查资料:灌溉水利用系数=灌入田间的水量(或流量)÷渠首引进的总水量(或流量)	大型灌区 0.52,中型灌区 0.60,小型灌区 0.7。每低于标准水平 1%扣 1 分,扣完为止	典型灌区用水调查成果+浙江、江苏省节水型灌区建设标准	10	
	3	渠系水利用系数	查资料:渠系水利用系数=末级固定渠道放出的总水量÷渠首引进的总水量	大型灌区 0.57,中型灌区 0.65,小型灌区 0.75。管系水利用系数 0.95。每低于标准水平 1%扣 1 分,扣完为止		10	
	4	水分生产率(kg/m^3)	查资料:水分生产率=作物单位面积产量÷作物全生育期耗水量	水分生产率大于1.2 kg/m^3,每低于标准水平 1%扣 1 分,扣完为止		5	
	5	用水计量率(%)	查资料、看现场:用水计量率=(渠道上已安装计量设施数÷应安装计量设施数)×100%	大中型灌区达到 75%,小型灌区达到 70%,得 10 分。否则,按计量率×10 计分		10	
	6	节水灌溉工程控制率(%)	查资料、看现场:节水灌溉工程控制率=(节水灌溉工程面积÷有效灌溉面积)×100%	大中型灌区 45%,小型灌区 60%。每低于 1 个百分点扣 1 分,扣完为止		5	
	7	灌溉设施完好率(%)	灌溉设施(骨干)完好数量/灌溉设施总数量	灌区骨干灌溉设施全部完好,得 10 分。否则,按完好率×10 计分		10	
管理指标	8	组织机构	查资料和文件,看现场	1)有专职管理机构或相关其他管理机构		5	
				2)有专职节水管理人员		3	
				3)有节水书面岗位责任制		3	

续表 6-6

指标类型	序号	考评内容	考评方法	参考考评标准	标准确定依据	标准分	实得分
管理指标	9	制度建设	查资料和文件	1)有严格的用水管理制度	典型灌区用水调查成果+浙江、江苏省节水型灌区建设标准	3	
				2)用水原始记录齐全,统计台账数据准确可靠		3	
				3)管理机构清楚灌区用水情况,有完整的灌区供排水渠道分布图及用水设施和计量设施分布图		3	
				4)定期巡回检查,有巡查记录,发现问题及时解决,无大水漫灌等浪费水现象		3	
	10	计划用水	查资料	1)制订并向基层用水单位下达年度用水计划		3	
	11	节水设施维护	查资料,看现场	1)定期进行渠道清淤与维护		5	
				2)各种用水设施定期维护,运行正常,计量设施完好		5	
	12	节水宣传	查资料,抽样调查	1)灌区有专门的节水宣传栏、标语、标识		2	
				2)灌区管理单位职工和灌区内群众有较强节水意识		2	
鼓励性指标	13	信息化建设和节水管理	查资料,看现场	1)开展灌区用水自动监测等信息化工作		5	
				2)用水总量控制和定额管理,实行水价改革制度		5	
总分						110	

6.1.4.4 典型灌区节水评价

根据以上推荐的标准,对调查的韶山灌区、欧阳海灌区、铁山灌区、酒埠江灌区、澧阳平原灌区、六都寨灌区、桐仁桥灌区等6个大型灌区、1个中型灌区进行节水评价,成果见表6-7。

表 6-7　典型灌区评价

指标类型	序号	考评内容	参考考评标准	标准分	澧阳灌区		六都寨灌区		韶山灌区		铁山灌区		酒埠江灌区		欧阳海灌区		桐仁桥灌区	
					指标值	得分	指标值	得分	指标值	得分	指标值	得分	指标值	得分	指标值	得分	指标值	得分
节水技术指标	1	亩均用水量(m^3)	大型灌区 450，中型灌区 490，小微型灌区 520。每高于标准水平 1%扣 1 分，扣完为止	10	486	9.2	608	6.5	556	7.6	739	3.6	551	7.7	540	8.0	492	10.0
	2	灌溉水利用系数	大型灌区 0.52，中型灌区 0.60，小型灌区 0.7。每低于标准水平 1%扣 1 分，扣完为止	10	0.51	9.9	0.50	9.6	0.52	10.0	0.51	9.8	0.49	9.5	0.50	9.6	0.61	10.0
	3	渠系水利用系数	大型灌区 0.58，中型灌区 0.65，小型灌区 0.75。管系水利用系数 0.95。每低于标准水平 1%扣 1 分，扣完为止	10	0.55	9.5	0.59	10.0	0.59	10.0	0.57	9.8	0.53	9.2	0.54	9.3	0.64	9.8
	4	水分生产率(kg/m^3)	水分生产率大于 1.2 kg/m^3，每低于标准水平 1%扣 1 分，扣完为止	5	0.33	1.4	0.75	3.1	1.51	5.0	1.50	5.0	2.19	5.0	1.10	4.6	2.65	5.0
	5	用水计量率	大中型灌区达到 75%，小型灌区达到 70%，得 10 分。否则，按计量率×10 计分	10	0.01	0.1	50%	5	100%	10	35%	3.5	3%	0.3	19%	1.9	100%	10.0
	6	节水灌溉工程控制率	大中型灌区 45%，小型灌区 60%。每低于 1 个百分点扣 1 分，扣完为止	5	10%	1.1	0%	0.0	2%	0.2	58%	5.0	38%	4.2	0%	0.0	80%	5.0

续表 6-7

指标类型	序号	考评内容	参考考评标准	标准分	澧阳灌区		六都寨灌区		韶山灌区		铁山灌区		酒埠江灌区		欧阳海灌区		桐仁桥灌区	
					指标值	得分	指标值	得分	指标值	得分	指标值	得分	指标值	得分	指标值	得分	指标值	得分
节水技术指标	7	灌溉设施完好率	灌区骨干灌溉设施全部完好，得 10 分。否则，按完好率×10 计分	10	51%	5.1	65%	6.5	5%	0.5	96%	9.6	2%	0.2	82%	8.2	80%	8.0
管理指标	8	组织机构	1）有专职管理机构或相关其他管理机构	5	有	5	有	5	有	5	有	5	有	5	有	5	有	5
			2）有专职节水管理人员	3	有	3	有	3	有	3	有	3	有	3	有	3	有	3
			3）有节水书面岗位责任制	3	无	0	有	3	无	0	无	0	有	3	有	3	无	0
	9	制度建设	1）有严格的灌区用水管理制度	3	有	3	有	3	有	3	无	0	有	3	有	3	有	3
			2）用水原始记录齐全，统计台账数据准确可靠	3	有	3	无	0	有	3	有	3	无	0	有	3	有	3
			3）管理机构清楚灌区用水情况，有完整的灌区供排水渠道分布图及用水设施和计量设施分布图	3	有	3	有	3	有	3	无	0	有	3	有	3	有	3
			4）定期巡回检查，有巡查记录，发现问题及时解决，无大水漫灌等浪费水现象	3	有	3	有	3	有	3	无	0	无	0	有	3	无	0

续表 6-7

指标类型	序号	考评内容	参考考评标准	标准分	澧阳灌区		六都寨灌区		韶山灌区		铁山灌区		酒埠江灌区		欧阳海灌区		桐仁桥灌区	
					指标值	得分	指标值	得分	指标值	得分	指标值	得分	指标值	得分	指标值	得分	指标值	得分
管理指标	10	计划用水	1）制订并向基层用水单位下达年度用水计划的	3	有	3	有	3	有	3	无	0	无	0	有	3	有	3
	11	节水设施维护	1）定期进行渠道清淤与维护	5	有	5	有	5	有	5	无	0	无	0	无	0	无	0
			2）各种用水设施定期维护，运行正常，计量设施完好	5	有	5	有	5	有	5	无	0	有	5	有	5	有	5
	12	节水宣传	1）灌区有专门的节水宣传栏、标语、标识	2	有	2	有	2	有	2	有	2	有	2	有	2	有	2
			2）灌区管理单位职工和灌区内群众有较强节水意识	2	有	2	有	2	有	2	有	2	有	2	有	2	有	2
鼓励性指标	13	信息化建设和节水管理	1）开展灌区用水自动监测等信息化工作	5	无	0	无	0	无	0	无	0	无	0	有	5	有	5
			2）用水总量控制和定额管理，实行水价改革制度	5	无	0	无	0	无	0	无	0	无	0	无	0	有	5
总分				110		73.2		77.7		80.3		61.3		62.2		81.5		96.8

通过以上评分结果,调查的典型灌区中仅桐仁桥灌区综合评分 96.8,达到节水灌区标准。从主要扣分项看,用水计量设施不全、灌区节水灌溉工程覆盖较低及灌溉设施完好率不高为主要的薄弱环节,此外农业种植有关的水分生产效率较低、灌溉管理制度不全也是制约节水型灌区建设的因素。

在今后农业节水工作中,应主要从以下方面发力:第一,加大农业节水改造工程建设力度,积极推广管灌、喷灌、微灌等高效灌溉技术,提高高效节水面积的覆盖率,加强对现有灌溉设施的维修养护管理;第二,加强用水计量与收费管理,增强节约用水的约束力;第三,根据现有耕作情况核减灌溉面积,调整作物种植结构,提高水分生产率;第四,推行水权试点和农业水价综合改革,激发节水内生动力。

6.2 节水型工业园区评价标准研究

6.2.1 湖南省工业及用水基本情况

2017 年,全省实现地区生产总值 34 590.56 亿元,同比增长 8.0%。其中,第一产业增加值 3 689.96 亿元,增长 3.6%;第二产业增加值 14 145.49 亿元,增长 6.7%;第三产业增加值 16 755.11 亿元,增长 10.3%。工业生产趋稳回升。工业经济运行总体呈探底回升态势,四季度明显提速。全省规模工业增加值同比增长 7.3%。

目前,集约化的工业园区是工业主要的布局型式,园区内聚集大量工业企业。工业园区按其批准部门可分为国家级工业园区和省级工业园区,按工业企业群生产性质,又可分为专业性工业园区和综合性工业园区。湖南省目前共有省级以上工业园区 133 个。

工业作为重要的经济贡献行业,也是重要用水部门。2006~2017 年,湖南省工业用水量约占总用水量的 27%,呈现先升后降、总体略有上升的趋势。2017 年,全省平均万元工业增加值用水量为 67.5 m^3/万元,高于全国平均水平 52.8 m^3/万元。

工业园区水资源量消耗大,相对于单个企业,其用水情况更便于管理,是具有代表性的节水载体。因此,在以往单个节水型企业建设的基础上,从园区整体角度出发,全面、系统地实施节水工作,提高水资源利用效率和效益更为重要。在节水型工业园区建设过程中,考核指标和评价标准的确定十分关键,合理的评价标准对节水型社会建设起着引领和促进的作用。

6.2.2 节水型工业园区评价标准

节水型工业园区可以看作节水型企业的综合体,涉及的行业企业类型和规模多样,考核指标和标准的确定应与当地节水型行政区建设、最严格的水资源管理制度考核及节水型社会示范区、节水型企业等节水载体建设的考核目标相契合。

我国较早开展节水型工业园区试点的是南京化学工业园区,自 2014 年开始以企业为主体,以提高用水效率为核心,以科技推动为手段,通过引导企业加强节水管理和技术进步,加快转变工业用水方式,建设了一批节水型企业,实现了单位工业增加值用水量较大幅度的降低,取得可观的经济效益和良好的社会效益。

苏州市拟在“十三五”期间针对工业园区开展节水型工业园区创建工作，重点为电力、钢铁、电子、化工、纺织染整、食品饮料等高耗水行业，于2017年6月发布了《苏州市节水型工业园区申报及考核办法(试行)》。

本次节水型工业园区评价标准的确定结合南京化学工业园和苏州市的实践成果和湖南省工业发展及前期节水型企业建设工作实际情况，参照《城市节水评价标准》(GB/T 51083—2015)确定。

节水型工业园区评价标准采用打分制，通过定量考核指标和定性考核指标打分，满分100分，总分80分及以上的工业园区可评为节水型工业园区。定量考核指标为节水绩效考核指标，包含万元工业产值取水量、万元工业增加值取水量、工业用水重复利用率、水平衡测试率、节水型企业覆盖率、用水定额达标率和工业废水排放达标率7项。定性考核指标主要反映节水管理、节水措施和鼓励性指标等，起到对节水型工业园区建设的引领促进作用。

6.2.2.1 节水绩效考核指标

(1)万元工业产值取水量，该指标指万元工业产值所取用的总水量。万元工业产值取水量综合反映工业园区用水水平，是工业园区节水管理工作核心评价指标之一，同时该项指标也是最严格的水资源管理考核制度及节水型城市、节水型示范区、节水型企业等载体建设的重要评价指标。

(2)万元工业增加值取水量。该项指标为年度工业园区工业用水量与工业增加值的比值(火电以耗水量计)。万元工业增加值取水量是动态评价工业园区的用水情况、表征工业产值增长与用水量增加关系的指标，能在一定程度上反映该区域的工业节水潜力。

(3)工业用水重复利用率，该指标指工业用水重复利用量占工业总用水的百分比。工业用水重复利用率综合反映工业用水的重复利用程度。一般来说，重复利用率越高，用水效率越高，废水的排放量也就越低，所以工业用水重复利用率也可以间接反映减排指标之一。评价指标以工业园区为整体计算重复利用率。

(4)水平衡测试率(水效测试率)，该指标是指开展水平衡测试的企业数量与年用水量大于2万m^3的企业数量(%)的比值。通过水平衡测试挖掘用水潜力，达到加强用水管理、提高合理用水水平的目的。因此，水平衡测试率是节水管理水平的重要考核指标之一。通过水效评估、水平衡测试能够全面了解用水单位管网状况，各部位(单元)用水现状，画出水平衡图，依据测定的水量数据，找出水量平衡关系和合理用水程度，采取相应的措施，挖掘用水潜力，达到加强用水管理，提高合理用水水平的目的。

(5)节水型企业覆盖率。该指标为节水型企业建成数与园内企业总数的比值。节水型企业覆盖率是反映园区内节水管理水平的量化指标。通过引导企业加强节水管理和技术进步，以提高用水效率为核心，加快转变工业用水方式，为建设资源节约型社会奠定基础。

(6)用水定额达标率。工业园区内企业、单位主要用水定额达到国家和省、市用水定额标准的数量与产品(用水类别)总数的比值。

(7)工业废水排放达标率，是指工业废水排放达标量与工业废水排放总量的比率。工业废水排放达标率是控制达标排放的主要指标，节水型工业园区建设必须坚持节水与防污结合，不能边节约边污染，需对工业园区废水达标排放进行严格控制。

6.2.2.2 节水管理指标

定性指标主要为有无健全的节水管理机构与管理人员、有无齐全的节水管理制度、有无制订并实施节水规划、有无定期的节水设施维护、是否经常开展节水宣传等共5项。

6.2.2.3 节水措施

节水措施包含节水建设“三同时”制度落实情况、节水型器具使用情况、用水计量情况。

6.2.2.4 鼓励性指标

鼓励性指标包含节水新技术、新工艺采用情况，非常规水源替代率和串联用水情况。评价指标及分值见表6-8。

表6-8 节水型工业园区评价标准及分值

指标			指标内容	评分标准	分值
节水绩效	1	万元工业产值用水量	园区取水总量/总 GDP(m^3/万元)	国家级工业园区不应高于全国平均水平 50%；省级工业园区不应高于全省平均水平 50%，满分；每高 5%扣 1 分	5
	2	万元工业增加值用水量	园区取水总量/GDP 增加值(m^3/万元)	国家级工业园区不应高于全国平均水平 50%；省级工业园区不应高于全省平均水平 50%，满分；每高 5%扣 1 分。满分；每低 1%扣 1 分	6
	3	工业用水重复利用率	重复利用量/取水总量(%)	≥83%(不含电厂)，满分；每低 1%扣 1 分	10
	4	水平衡测试率	开展水平衡测试的企业数量/年用水量大于 2 万 m^3 的企业数量(%)	50%或年增长率大于≥20%，满分；每低 1%扣 1 分	5
	5	用水定额达标率	主要用水定额达到国家、省、市标准的园区企业、单位占比	100%，每低 5%扣 1 分，扣完为止	10
	6	节水型企业、单位覆盖率	园区内节水型企业数量/园区企业总数(%)	30%或年增长率大于≥10%，满分；每低 1%扣 1 分	6
	7	工业废水排放达标率	园区工业废水达标排放量/总废水量(%)	100%，每低一个点扣 1 分，扣完为止	8
小计					50

续表 6-8

指标			指标内容	评分标准	分值
节水管理	8	依法用水	规范取排水行为，依法开展取水许可、水资源论证，足额缴纳水资源费等，无非法取排水等行为	遵照执行，得满分；根据执行情况酌情扣分	5
	9	节水管理机构及日常管理	工业园区管理部门有专（兼）职人员负责节水工作。针对工业园区内用水户制定管理办法并落实		5
			工业园区内部企业、单位成立节水管理部门，按要求开展各项节水工作		5
	10	节水设施维护	定期节水设施维护，每年都有节水专项维护资金投入		5
	11	节水规划	工业园区编制节水规划（或总体规划中有节水章节），有实施方案		5
	12	节水宣传	定期开展节水宣传，提高人员节水意识		5
小计					30
节水措施	13	节水“三同时”	工业园区内企业、单位新改扩建项目全面实施建设项目节水“三同时”	遵照执行，得满分；根据执行情况酌情扣分	3
	14	节水型设施使用	所有用水点全部使用节水型器具		4
	15	用水计量率	主要节点用水计量器具配备到位		3
小计					10
鼓励性指标	16	节水新技术新工艺	工业园区内部企业、单位打造节水新技术示范工程，采用先进节水工艺设备	遵照执行，得满分；根据执行情况酌情扣分	3
	17	串联用水	以工业园区为主体，针对水质的不同需求，实施企业、单位间串联用水、工业园区公共用水节水工程		4
	18	非常规水源利用率	工业园区内部利用雨水和再生水等非常规水源水量占总用水量的百分比。非常规水源包括工业园区及内部企业单位在建设期间实施雨水和再生水等非常规水源利用项目等	整体≥5%，满分；大于0小于5%扣1分。	3
小计					10
总计					100

6.2.3 典型工业园案例研究

本次工业园区用水调研从用水排污角度选择了建成较早的岳阳云溪工业园和邵东箱包产业园，根据调研成果选择岳阳云溪工业园作为典型工业园，探讨其节水建设情况，调研情况见附表。

岳阳云溪工业园于2003年经湖南省人民政府批准成立，是省级工业园区。园区规划面积13 km^2，2003年入园企业36家，主要为化工行业，属于高耗水高污染工业园区。2017年，园区入驻企业222家，总产值1 015.2亿元。

建园以来，云溪工业园紧紧依托驻区大厂长岭炼化和巴陵石化的资源优势，以“对接石化基地，承接沿海产业，打造工业洼地”为办园宗旨。以“精细化工”为产业定位，重点引进工业催化剂新材料、医药生物、高分子材料加工等六条产业链项目。云溪工业园先后被批准为湖南精细化工特色产业基地、全省第一批循环经济试点园区、国家高技术产业基地、湖南省十大最具投资价值产业园区，国家高技术产业基地和国家新型工业化产业示范基地，并被纳入湖南省重点培育的“千亿产业集群”和重点打造的“千亿园区”之列。

湖南岳阳云溪工业园通过多种融资手段，配套完善了供水、供电、消防、污水处理、天然气、通信、有线电视等基础设施。区内供水管网与城市管网连通，可供铁山水库、双花水库优质水，另外还可以利用长江水作为生产用水，水源十分充足。目前，园内工业污水有ϕ600 mm管道直接接通巴陵石化公司污水净化中心，企业在初步进行预处理后，通常在COD≤1 100 mg/L，SS≤500 mg/L，pH=6~9，BOD≤500 mg/L标准时排入园区污水管网，统一处理。园区污水处理厂日处理能力达2万t/d，全部建成之后日处理能力达4万t/d。

岳阳云溪工业园主要定量指标调研成果及参考表6-8的节水评价结果见表6-9。

调研及评价结果显示，随着国家节能减排政策的加紧，云溪工业园入驻企业属于高耗水的化工行业，园区对于工业用水循环利用、污水处理方面成效显著，基本达到节水型工业园区标准。节水管理机构有人员负责管辖范围内的节约用水管理工作，但企业节水管理水平不平衡，节水制度不完善，计量设施及用水情况不够明晰，企业间串联用水、分质用水、一水多用和循环利用、园区统筹供排水等还有较大节水潜力，需借助节水型工业园区建设机会，推进园区的节水工作。

表 6-9　岳阳云溪工业园节水主要定量指标调研成果

指标			指标内容	评分标准	分值	云溪工业园节水调研成果	得分	备注
节水绩效	1	万元工业产值取水量	园区取水总量/总 GDP(m^3/万元)	低于所在地平均值,满分;每低 5%扣 1 分	5	105	2.8	2017 年湖南省万元工业产值用水量 94.52 m^3
	2	万元工业增加值用水量	园区取水总量/GDP 增加值(m^3/万元)	低于所在地平均值,满分;每低 1%扣 1 分	6	80.00	4.0	2017 年湖南省万元工业增加值用水量 72.38 m^3
	3	工业用水重复利用率	重复利用量/取水总量(%)	≥83%,满分;每低 1%扣 1 分	10	0.83	10	
	4	水平衡测试率	开展水平衡测试的企业数量/年用水量大于 2 万 m^3 的企业数量(%)	50%或年增长率大于≥20%,满分;每低 1%扣 1 分	5	50%	5	
	5	用水定额达标率	主要用水定额达到国家、省、市标准的园区企业、单位占比	100%,每低 5%扣 1 分,扣完为止	10	95%	9	
	6	节水型企业、单位覆盖率	园区内节水型企业数量/园区企业总数(%)	30%或年增长率大于≥10%,满分;每低 1%扣 1 分	6	97%	6	
	7	工业废水排放达标率	园区工业废水达标排放量/总废水量(%)	100%,每低 1%扣 1 分,扣完为止	8	100%	8	

续表 6-9

指标			指标内容	评分标准	分值	云溪工业园节水调研成果	得分	备注
节水管理	8	依法用水	规范取排水行为，依法开展取水许可、水资源论证，足额缴纳水资源费等，无非法取排水等行为	遵照执行，得满分；根据执行情况酌情扣分	5	符合要求	5	
	9	节水管理机构及日常管理	工业园区管理部门有专（兼）职人员负责节水工作。针对工业园区内用水户制定管理办法并落实		5	有	5	
			工业园区内部企业、单位成立节水管理部门，按要求开展各项节水工作		5	部分开展	3	
	10	节水设施维护	定期节水设施维护，每年都有节水专项维护资金投入		5	有	5	
	11	节水规划	工业园区编制节水规划（或总体规划中有节水章节），有实施方案		5	无	0	
	12	节水宣传	定期开展节水宣传，提高人员节水意识		5	有	2	

续表 6-9

指标			指标内容	评分标准	分值	云溪工业园节水调研成果	得分	备注
节水措施	13	节水“三同时”	工业园区内企业、单位新改扩建项目全面实施建设项目节水“三同时”	遵照执行，得满分；根据执行情况酌情扣分	3	符合要求	3	
	14	节水型设施使用	所有用水点全部使用节水型器具		4	符合要求	4	
	15	用水计量率	主要节点用水计量器具配备到位		3	符合要求	3	
鼓励性指标	16	节水新技术新工艺	工业园区内部企业、单位打造节水新技术示范工程，采用先进节水工艺设备	遵照执行，得满分；根据执行情况酌情扣分	3	有新工艺推广	2	
	17	串联用水	以工业园区为主体，针对水质的不同需求，实施企业、单位间串联用水、工业园区公共用水节水工程		4	有公共节水措施	3	
	18	非常规水源利用率	工业园区内部利用雨水和再生水等非常规水源水量占总用水量的百分比。非常规水源包括工业园区及内部企业单位在建设期间实施雨水和再生水等非常规水源利用项目等	整体≥5%，满分；大于0小于5%扣1分	3	小于5%中水回用	1	
总计					100		80.8	

第7章　政策与建议

节水型社会建设是资源节约和环境友好社会建设的重要内容。节水型社会是节水体系完整、制度完善、设施完备、节水自律、监管有效,水资源高效利用,产业结构与水资源条件基本适用,经济社会发展与水资源协调的社会。节水型社会建设是一项复杂的社会系统工程,既是节水减排、高效用水,也是发展方式、生产方式和生活方式的转变。解决水资源问题是节水型社会建设的出发点和落脚点,以水资源的可持续利用保障社会经济的可持续发展。各区域水资源承载能力、社会经济发展水平和生态环境状况不同,因此节水型社会建设的重点和具体措施也不相同。找准水资源问题根本, 抓住节水型社会建设的切入点,因地制宜,及时解决节水型社会建设短板,才能将节水型社会建设不断向前推进。根据本项目研究情况,结合湖南省节水型社会建设实际,现对湖南节水型社会建设提出如下意见和建议。

7.0.1　构建系统完整的制度体系,全面推进节水型社会建设

(1)健全节水政策法规体系,确保节水有章可循。

从水资源管理、节约用水、取水许可、水资源费征收、计划用水管理、再生水利用等方面形成较为完善的政策法规体系,健全取、用、供、排各项管理制度。在省、市两个层面上不断建立和完善《水资源管理办法》《节约用水管理办法》《取水许可和水资源费征收管理办法》《计划用水管理办法实施细则》《再生水利用管理办法》《入河排污口监督管理办法实施细则》《建设项目节约用水“三同时”实施管理办法》《水平衡测试暂行管理办法》《用水总量控制与定额管理制度实施办法》等地方性配套法规和技术标准及规范性文件;有条件的地区应优先开展《水权转换管理办法及实施细则》试点;通过建设,做到制度规范化、科学化。在地方性“实施办法”“实施细则”制定时,要明确实施范围、实施责任主体、实施程序,使之具有较强的可操作性,更好地指导基层工作。

(2)构建较为完善的奖惩机制,增强节水内生动力。

构建激励功效水费价格体系,完善奖惩机制。补充完善《居民用水阶梯水价和非居民用水超计划累进加价办法》《超计划取水累进加价征收水资源费(税)管理规定》;制定《节水减排税收优惠政策管理办法》,运用积极的财税政策,建立节水减排项目财政激励制度,推行节水税改项目按政策抵减当年新增所得税,通过制定节能、节水、环境保护企业所得税优惠政策管理办法来激发企业和个人节水的积极性;提高高效节水灌溉设备购置补贴标准(40%),从水资源费和超计划累进加价水费中提取一定比例支持企业节水改造和非常规水源利用工程建设,对节水减排企业安排专项资金进行补助和奖励,节水设备投资额度范围(10%)内抵免企业所得税。工业用水实行差别水价,高耗水行业企业在现行水价基础上提高适当比例,对未按规定进行水平衡测试或未按测试结果进行整改或重复利用率不达到行业平均水平的企业削减下年度用水计划,对超出用水计划部分实行加价

收费。对有污水处理设施并能正常运行且废水排放达到国家一级标准排放的企业,减半征收污水处理费,“零排放”企业免收污水处理费。同时,各市、州、县应按照实际工作需要,制定《节约用水奖励办法》,积极探索水权流转,工农互补相关实施办法。

7.0.2 调整产业结构,构建工农业综合节水体系

产业结构是指国民经济各个产业(部门)之间的组合和构成情况与它们所占的比重及相互关系。产业结构的合理与优化,对于国民经济的协调发展、合理利用资源、提高宏观经济效益,都有重要意义。产业结构不合理是制约我国当前经济发展和经济效益提高的主要因素。调整产业结构涉及许多因素,水资源供需条件是一个重要方面,在许多地区由于水资源不足,供需矛盾日益尖锐,已经制约了经济社会的发展,因此必须从水资源可持续利用保障经济社会可持续发展的角度合理调整产业结构,依据区域水资源和水环境承载能力,加大经济结构的战略性调整,通过产业结构的优化升级,协调生活、生产、生态用水的关系,优化第一、第二、第三产业的水资源配置,按照“以水定产业结构”要求进行产业结构调整,使有限的水资源保障国民经济的持续发展和社会进步。

(1)调整工业产业结构,建立与新型工业化相适应的节水减排体系。

合理布局大中小企业,建设低耗高效的主导产业体系,围绕支柱产业和优势产业开展节水减排工作,对石化、建材、电力、食品、钢铁、纺织等高耗水行业进行强制性升级改造,采取“分质供水,循环用水,中水回用”等措施,将节水和循环经济融合,制定《关于加快发展循环经济工作实施意见》等相关制度,大力推行清洁生产。在新建工业园区中,要制定限制高耗、高污染产业发展制度。关闭淘汰规模小、消耗大、污染重的“五小”企业,发展高效益、高效率、低污染新型产业。在微观层面企业内,大力推行水平衡测试工作,完善水平衡测试验收工作,加大整改不到位处罚力度。同时,要扩大水平衡测试工作范围,由面向企业向面向用水行业,特别是规模以上医院、学校、服务业等方面扩展,各地区要建立《规模以上企业节水减排档案》《重点企业节水名录》等资料,在企业内部大力推进3R节水(减量化、再利用、资源化)工作。

(2)调整农业种植结构,建设节水型现代农业。

一是压缩水稻等高耗水作物种植面积。在山区主要发展林牧业、绿色食品和山地生态旅游农业;在平原区,优化作物品种,开展生物节水,推广低耗水与雨季同步的粮食作物种植,发展高效低耗水经济作物。二是结合高标准农田建设、小型农田水利建设、节水改造土地平整等项目载体,推动灌区现代化。三是推广普及经济适用型喷、滴灌技术,建立喷、滴灌技术推广补助金制度,加强农业用水精准计量管理,提高管灌、渠灌管理水平。四是大力推行节灌模式,在山区推行集雨节灌工程+结构调整+协会自主管理的山区雨水节灌模式,转变水稻灌溉模式,由“薄、浅、湿、晒”灌溉模式转变为湿润灌溉和间歇灌溉模式。五是大力推进集约化节水养殖技术,建设一批生态健康养殖基地,减排养殖废水。六是发挥示范引领作用,推广高效节水灌溉技术,建设一批节水生态农业示范区。

7.0.3 节水减排,维护良好生态环境

为提高水生态环境承载能力,在环洞庭湖区结合河湖连通项目载体,优化调整河网水

系布局，通过河湖建闸和科学调度，构建洞庭湖区水循环体系，加快区域水循环速率，提高水体自净能力。实施农村河道拆坝建桥畅通工程，沟通末梢水系，将河道断流区的坝头改建为机耕桥式涵洞，打通农村河道水系末梢与骨干河道脉络，形成完整的水循环体系。

在减排方面，着重做好以下工作。一是在宏观层面上，积极开展清洁生产审核和“ISO1400 环境管理体系”认证，实施排污集中管理和治理。二是推进工业园区废污水再生回用，实行园区废水“零排放”。三是实施八大行业节水行动，对化工、钢铁、电子等行业推进循环用水，实施“零排放”；对纺织、印染、电镀等行业是实施限排和再生回用；对中小型锻造、压造等企业实施“封堵排污口，污水禁排，内塘蓄存，外河放水，循环利用”等措施。四是建立工业用水审计制度和《重点水污染企业名录》，加强用水计划和定额管理，逐步扩大计划用水管理范围，实现非居民用水的全面计划管理；严格计划用水管理，实行年计划、月统计、季考核，强化过程监控。五是在城乡结合部，以河渠水体、湖泊为基本结构，以再生水和雨洪水为基础，打造融城市水系、绿化、灌区灌溉为一体的城乡循环型生态水系统。

7.0.4 加强节水设施水平建设，构建高效利用的工程体系

建设节水型用水设施，是实现节约用水的基础，是节水型社会建设的重点工作。节水效果如何，很大程度上取决于节水设施的普及、应用程度。由于各行业及同一行业的不同用水主体的节水设备、器具的普及程度不同，造成了用水效率不同的现状。要最大程度地提高用水效率，必须根据各行业的用水特点，引导、推广使用适宜的节水设备、器具，同时强制淘汰耗水多、污染重的设施。在更新节水设施问题上，应改变以往的单纯行政命令，要用制度进行规范，辅之以正确的引导，使用水者根据自身情况自主选择、自觉使用节水型设施，提高节水用水效率；逐步建立“双高”（高效率、高效益）用水体系，建立城镇化发展趋势下的现代节水型社会框架体系。

强化农业节水推广工程，因地制宜考虑当地的经济条件、地形地貌、土壤地质、水源条件，选择适宜的节水方式，实施渠道防渗衬砌、管道输水、小畦精灌、沟灌、低压管道灌溉、膜上灌等节水灌溉工程，提高农业节水规模化水平。

推进工业节水工程。推广使用先进的节水技术、工艺、设备。工业用水主要包括冷却用水、热力和工艺用水、洗涤用水；抓好主要用水环节的节水，发展高效冷却节水是工业节水的重点。实施工业用水循环供水，提高冷却水重复利用率；开展串联用水，一水多用工程建设，根据各行业、各项目、各工序对水质的要求，在工序间、车间内、厂区内及厂际间，将多个用水工序按所需水质洁净程度，排列合理的用水次序，使上一程序的废水成为下一程序的用水，依次进行，既能满足各工序的水质要求，又可节约大量新水，提高节水水平和水的利用效率，提高工业用水重复利用率。

做好城乡供水系统工程建设，降低城镇管网漏损率。推广使用节水型器具，实施推广节水型水龙头、节水型便器系统、节水型淋浴设施工程建设。研究生产新型节水器具，研究开发高智能化的用水器具、具有最佳用水量的用水器具和按家庭使用功能分类的水龙头。加强公共供水企业供水系统管理，积极采用城市供水管网的检漏和防渗技术，推广预定位检漏技术和精确定点检漏技术，推广应用新型管材，推广应用供水管道连接防腐等方

面的先进技术,鼓励开发和应用管网查漏检修决策支持信息化技术。推广反冲洗水回用技术,改建供水工程项目。普及公共建筑空调的循环冷却技术,推广应用锅炉蒸汽冷凝水回用技术。采用工程节水技术与生物节水技术,促进市政环境节水。发展绿化节水技术,实施景观用水和游泳池用水循环水系统工程建设,实行循环用水。发展机动车洗车节水技术,大力开展免冲洗环保公厕设施和其他节水型公厕工程建设。

结合污水治理,河湖联通工程,开展非常规水资源开发利用工程建设,建设含地表水、地下水、再生水等水资源配置工程体系。

7.0.5　加强节水载体建设,树立示范标杆

节水载体建设是节水型社会建设的基本内容和重要抓手。水利部联合有关部门先后开展了节水型企业、公共机构节水型单位、节水型居民小区等载体建设,引领带动工业、生活服务业节水,成效明显。一是制定完善湖南省节水载体建设考评标准和考核暂行办法,将节水载体建设纳入省达标创建项目,根据不同用水户用水方式、用水关键环节、节水潜力差异,对建设指标组成、权重、考评方式和要求进行系统研究,制定、修订统一的评价建设标准。二是根据湖南省节水型社会建设目标任务按建设要求确定分年度建设指标,确保载体建设进度。三是严格载体验收评定标准,大力推进载体分类动态评价制度。四是有序扩大节水载体建设范围,扩展节水载体建设深度和广度。五是扩大水效领跑者实施范围,从灌区、用水企业、用水产品三个领域扩大到火力发电、食品、医药、有色金属、采矿、皮革等重点用水行业。六是出台水效领跑者激励政策,节水示范工程政策具体实施细则,以奖代补,推进载体建设。七是大力发展合同节水管理等第三方服务,引导鼓励社会资本投资节水产业,联合科研院所、社会经济组织构建节水社会化服务体系,开展节水技术、产品和前沿技术的评估推荐等服务,做大做强节水产业。

7.0.6　落实目标责任制和考核制,确保建设合力和成效

节水型社会建设涉及社会各层面及用水对象,需全社会的力量共同参与,更需政府直接推动,因此成立由政府主要负责人牵头分管责任人负责的节水型社会建设领导机构,明确相关部门职责。领导机构必须由政府主要负责人亲自挂帅,分管负责人靠上抓,并组建由宣传、计划发展、水务(利)、经贸、农业、林业、畜牧、乡镇企业、财政、科技、国土资源管理、建设、环保、教育、法制等主管部门组成的领导机构,各部门主要领导或分管领导具体抓,形成政府主导,部门负责,分工协调的工作机制。把节水型社会建设控制指标(用水总量,农田水灌溉利用系数,万元工业增加值用水量,水功能区水质达标率等)纳入政府绩效考核指标体系,出台《湖南省节水型社会建设目标任务考核办法》,签订目标责任书,实行年度考核,根据考核结果,督促责任单位整改落实,落实奖惩措施,强化考核效能。

7.0.7　加强节水宣传,创造良好的舆论宣传氛围

节水型社会建设是以社会公众的共同参与为前提和基础,只有唤起全社会爱水、护水意识,把节水活动变为全社会的共同行为和目标,节水型社会建设才有扎实基础。

(1)明确节水型社会建设宣传内容。一是关于水资源、水环境现状的分析,水资源未

来供需情势的分析宣传，让公众明确宣传的意义，树立水危机意识，提高对节水型社会建设紧迫性的认识；二是关于节水型社会建设内容和措施的宣传；三是关于节水法律法规及有关政策；四是关于节水知识，节水经验和节水示范的宣传。宣传内容一定要结合地方实际，公众可接受，切忌照搬照抄，提高宣传工作的实效性。

(2)明确宣传的范围和重点。一是宣传范围要广，确保节水进机关、学校、企业、社区、乡村、宾馆、酒店等公共服务场所，抓住宣传工作的重点，提高宣传工作影响力。二是要在影响范围广的场所进行永久性宣传，循环开展节水宣传相关活动，提高宣传工作的长效性。

(3)增强宣传形式的多样性。一是充分发挥主流媒体和新兴媒体的作用；二是形式的多样性，面对不同对象，通过发放宣传册、标语横幅、专家讲座、示范评选、节水培训、座谈会、文艺演出、知识竞赛，以及征文、绘画、主题班会、社会实践、宣传片等各种形式开展宣传活动，提高宣传工作针对性。

(4)将节水宣传纳入中小学思想品德教学计划，组织编写《节水型社会建设宣传》教材。

7.0.8 改革水资源管理体制，建立节水型社会建设运行机制

水资源是一种动态的、可再生的资源，地表水、地下水相互转换，上下游、左右岸水量水质相互关联，相互影响，难以按照城乡部门划分。因此，需要按照水资源自身特点改革水资源管理体制，建立流域管理与行政区域管理相结合，统一管理与分级管理相结合的水资源管理体制。在水资源开发利用和保护的各项活动中必须统筹兼顾统一管理，对地表与地下、城市与农村、水量与水质进行综合管理，而不能进行人为的分割管理。处理好水资源管理与开发、利用、节约与保护工作的关系，通过多部门、多领域的共同努力，实现水资源的可持续利用。尤其是节水型社会的建设是一项涉及全社会各层面的综合性系统工程，形成"政府调控、市场引导、公众参与"的运行机制，是建设的基本保证。

政府对节水型社会建设实施组织领导，全面规划，制定相关法律法规，管理制度和政策，提供资金支持，根据水资源承载能力，确定经济结构调整意见，实施水权管理，提出合理的初始水权分配方案，制定水市场交易规则，培育和调控水市场，建立健全水权制度，制订切实可行的节水方案，投资兴建公益性的骨干节水工程，指导行业进行节水技术改造，确定水污染防治方案，建立科学的水价形成机制，通过经济措施促进节水。保障公民基本生活用水的权利和用水安全；保障生态用水和环境用水，充分发挥政府在水资源配置和经济发展中的宏观调控作用。

把市场机制引入水资源管理之中，形成与社会主义市场经济相适应的水资源管理运行机制。在明晰水权、实施总量控制的基础上，积极引入市场机制，发挥市场对水资源配置的引导作用，在交易规则的管理下，调剂余缺，允许水量自由交易，促进水资源从低效益耗水大向高效益耗水小转移，满足用水户需求，实现水资源利用的高效益。通过市场引导，促进用水户提高节水意识，自觉采取节水措施，提高用水效率。由于不同行业之间、同一行业内部不同用户之间用水效率不同，各类用水之间、同类用水的不同用水户之间用水效益也不尽相同，并且随着用水效率的改变或者用水规模的变化，各用水户用水量也在动

态变化着，相应就会出现水量余缺的问题。对于水权不足的用水户，在政府没有充分的水权可增补分配时，就需通过水权转换获得增量；而余水户，也需通过水权转换获得节水收益。这样，就需要建立水市场作为水权交易平台，制定水量交易规则、建立水价形成机制和各类要素市场管理动作机制等。通过市场转换，使节水者充分得到节水回报。培育取水市场、供水市场、废水处理市场和污水回用市场等，尤其是要全面开放供水市场和污水回用市场。通过市场的调节作用促进水资源的优化配置和节水效率的提高。

公众参与就是在节水型社会建设的各个层面和各个环节实行民主管理和实行广泛参与。公众参与应是全方位的，既应参与节水型社会建设决策，又要参与建设的实施，还应参与管理与监督。通过公众参与，提高决策制定过程的开放程度，建立实施过程中的制度化表达机制和参与机制，使广大公众都融入到主动采取节水措施、自觉节水的行动中。在决策过程中，公众参与是避免决策失误的重要制度保障，不论是方案编制、政策制定，还是大型输配水项目确定等都要尊重专家意见，虚心听取利益各方公众的建议，通过公开平等的交流，才可能得到公众认可的方案；在实施过程中，社会全体公众都是节水型社会建设的主体，都应积极主动地投身于节水型社会建设中去，在不同的用水过程中采用先进、可行的节水技术，提高用水效率；在管理过程中，要建立基层用水户协会，参与管理管辖范围之内的水权分配、水价制定、水资源配置、水工程管理等工作，并监督管理部门对各种决策、方案、制度等内容的实施情况，根据实际情况向水资源管理机构提出意见或建议。

7.0.9　分配初始水权，开展水权制度试点

节水型社会建设的基础是用水制度建设，所以水权制度建设是节水型社会建设最根本的内容之一。水权是指水资源所有权及从所有权中分设出的用益权。水资源所有权是对水资源占有、使用、收益和处理的权力，所有权具有全面性、整体性和恒久性的特点。《水法》明确规定了水资源属于国家所有，为适应不同的使用目的，可以着眼于水资源的使用价值，将其各项权能分开，设立使用权、用水权、开发权等权利。其中最重要的是水资源使用权，即单位（包括法人和非法人组织）和个人对自己所有的水资源依法占有、使用、取得经济收益和处分的权利。

初始水权是国家及其授权部门通过法定程序为某一地区或部门、用户分配的水资源使用权，一般包括取水量和耗水量两个方面。初始水权的分配和明晰是水权制度建设的第一步，应将水权层层分解最终落实到户，既根据总量控制和用水定额管理相结合的原则，经测算、平衡、配置，分层次、分步骤地把水权配置到用水户，又由用水户根据需要用于生产、生活。

在水权分配中，应按照公正、公平、公开的原则及优先权原则，结合原来取水许可综合考虑，合理分配，应首先保证生活用水，合理安排生态和环境用水、工农业生产用水，政府应预留一定调节水量。要协调经济发达地区和相对落后地区、城市和农村、工业和农业之间的关系。

为有利于调剂水资源使用过程的余缺，需建立水权交易制度，培育和发展水市场，明确交易原则，利用市场机制对水资源进行优化配置，鼓励用水户将节约的水量进行有偿转让，对于交易剩余的水量，政府主管部门应以高于供水价格的规定价格收购，储备调剂给

有关用水户。

建立健全水权登记、公示、调整、中止等制度，以完善水权管理制度，使水权制度在不断完善的基础上健康发展。

湖南省应在有条件和需要的地区或部门开展初始水权分配试点，把确权工作逐步推开。

第 8 章　研究进展与主要建议

8.1　主要进展与结论

本书在借鉴各相关理论、方法和研究成果的基础上，从湖南省的实际出发，全面调查了湖南省国家级节水试点城市和各大灌区节水工作的进展情况，运用层次分析法，定量分析了其节水成果，并定性总结归纳了其工作经验和不足之处。在分析了湖南省原有各类分区方式的基础上，创造性地构建了可量化的聚类分析模型，对湖南省节水型社会建设进行了行业分区，同时分区研究了未来湖南节水工作的发展方向，此分区的方法还可推广借鉴到其他省、市、县等地区。建立了节水评价指标体系和评价的计算模型，提出了评价标准，可应用至未来需要评价的相关工作中。研究取得的具体成果如下。

8.1.1　总结了湖南省“十二五”期间的节水成效与问题

“十二五”时期，湖南省着力推进节水型社会建设工作，基本完成了“十二五”规划确定的主要目标和任务，成功创建 2 个国家节水型城市，完成了 4 个国家级和 7 个省级节水型社会试点建设。节水制度建设初见成效，节水管理能力不断加强。节水设施建设取得一定进展。节水实践创新发展取得新突破。但也存在以下问题：由于水资源较为丰富，全社会节水意识较为淡薄，水资源对国民经济、社会经济和生态环境的重要性还未引起人们的足够重视；农业节水规模化发展程度不高，部分工业行业的生产工艺和关键环节普遍存在用水浪费现象；在节水方面相关的节水立法及政策制度尚不完善。

8.1.2　对湖南省 4 个国家级节水试点城市进行了后评价

结合湖南省节水型社会试点建设实际情况，本书所做的后评价是对多属性体系结构描述的对象进行系统性、全局性和整体性的综合评价。重点采用层次分析法对湖南省四个节水型社会建设试点城市（长沙市、株洲市、湘潭市和岳阳市）进行节水后评价，包括综合性指标、农业用水指标、工业用水指标、生活用水指标、水生态与环境指标、节水管理指标等各种指标。湖南省四个节水型社会建设试点城市后评价结果长沙为优秀，株洲市、湘潭市和岳阳市为良好。说明近年来湖南省“节水型社会建设”取得了一定的成效。另外，湘潭市和岳阳市工业节水指标较低，说明对于农业发达区，工业节水的工作还需进一步加强。

8.1.3　按农业、工业行业对湖南省进行节水分区

在总原则“清晰反映节水思路、突出区域建设重点、划分标准易量化”的基础上，在“三条红线”的范围内，结合《湖南省节水型社会建设“十三五”规划》，参考经济发展情况

和产业侧重不同,同地区水资源禀赋及水资源和生态环境的压力负荷,重点考虑水资源供需矛盾和节水需求的不同,定量分区,以求易于推广,并力求兼顾未来的发展,考虑节水潜力和可持续发展对节约用水的要求。本书采用分区方法,不论是农业还是工业都可定量得出,可推广至县、乡镇等,且分区的时候参考的因素多,综合性强。

本书中的农业节水分区方案,根据节水型农业的特点,采用地貌形态指标 L、复种指数 F、稻田比例 D、缺水程度 B、产水模数 E 五项指标,运用 SPSS 数学软件中的层次聚类分析模块,对分区指标进行计算,将湖南省 14 个市(州)分为三大类。Ⅰ类行政区(节水非常紧迫区):地区序号为 4(衡阳市)、5(邵阳市)、10(永州市)和 12(娄底市);Ⅱ类行政区(节水较为紧迫区):地区序号为 1(长沙市)、2(株洲市)、3(湘潭市)、6(岳阳市)、7(常德市)、9(益阳市)、11(怀化市)和 13(郴州市);Ⅲ类行政区(节水一般紧迫区):地区序号为 8(张家界市)和 14(湘西州)。

为了全面考虑湖南省工业节水水平,本书中的工业节水分区计算采用万元产值取水量、工业万元增加值取水量、单位产品取水量、重复利用率、单方工业节水投资、万元产值废水排放量六项指标,运用 SPSS 数学软件中的层次聚类分析模块,得出层次聚类分析的树状图,将湖南省的 14 个市、州分为三大类:Ⅰ类行政区为长沙市、株洲市、湘潭市、岳阳市;Ⅱ类行政区为衡阳市、常德市、郴州市、邵阳市、益阳市、永州市、怀化市、娄底市;Ⅲ类行政区为张家界市和湘西州。

8.1.4 根据不同的分区,给予节水建议

本书不仅对湖南省按产业特点进行节水分区,且分析各分区特点,分别对于农业和工业的节水分区给予有针对性的节水建议。

其中农业Ⅰ类行政区(农业节水非常紧迫区)主要分布于湘中地区及湘南部分地区。衡阳、邵阳、娄底地区是湖南省的干旱走廊,其区域水资源短缺,同时又是湖南省的重要能源基地,生态环境相对脆弱,农业发展较为滞后,水污染较为严重。故节水工作的重点是应节约农业用水,加强水利设施建设,并大力开展污染治理,提高该地区的水资源重复利用率。Ⅱ类行政区为农业节水较为紧迫区,主要分布于长株潭地区和洞庭湖区,其水资源较为丰富,但是由于农业用水需求量较高,故还存在一定的缺水问题,且由于人口密集,也存在一定的水污染问题,应在进一步提高其农业水效率的同时,加强节水和生态保护的宣传教育,提高全民节水、全民保护水环境意识。Ⅲ类行政区为农业节水一般紧迫区,主要分布于湘西地区,是湖南省重要的生态屏障区,水资源较丰富,水质污染较少。该区域经济发展相对滞后,农业发展也较落后,应充分利用当地丰富的水资源,加强农业发展,支持贫困地区基本口粮田和特色林果业规模发展,提高农业综合生产能力。

湖南省工业节水分区划分为工业型经济发达工业节水建设基础好的重点城市、有一定工业基础经济欠发达工业节水建设基础一般的城市、工业主导型经济欠发达工业节水建设基础较差的城市三类。工业Ⅲ区的城市工业主导型经济欠发达、工业节水建设基础较差,其节水应重点在节约、减漏两个角度进行。工业Ⅱ区城市,有一定工业基础、经济欠发达、工业节水建设基础一般。考虑到其工业基础不错,但是工业节水建设不足,建议其节水除和Ⅲ区城市一样,在节约、减漏两个角度节水外,还应加强节水型生产设备的引入

和工业水重复利用率的提高。工业Ⅰ区城市，考虑到其工业型经济发达，工业节水建设基础好，建议其节水除和Ⅱ区、Ⅲ区城市一样，在节约、减漏、加强节水型生产设备引入、工业水重复利用率的提高等角度加强建设外，考虑到其由于工业较为发达，工业用水量需求较大，建议开发利用城市再生水资源。

8.1.5　建立节水评价指标体系

农业节水的指标体系主要是为了准确地衡量农业节水的水平及其目标实现的程度，因此指标体系的设计应主要围绕农业可持续发展的目标来进行。湖南省农业节水发展重点应放在社会经济系统运行的稳定性和资源利用、社会经济系统运行、污染防治及生态维护之间的协调性上。

基于上述内容，湖南省农业节水评价指标体系分为目标层、效果层、指标层和因子层等 4 个层次，选取了反映社会、经济、环境等方面的 24 个指标。第一层是最高层，为目标层，即节水农业的可持续发展综合指标；第二层是系统的效果层，体现系统运行的结果，主要包括农业水资源开发程度、农业水资源利用效益和农业节水持续性评价等 3 个方面；第三层是指标体系的指标层，包括节水工程技术、农村经济效益和节水农业技术持续性等 8 个内容；第四层是系统因子层，包括单位耕地水库库容量、单位耕地供水量、缺水度等指标。由于评价指标体系的量纲不同，指标的功能也不同，并且指标间数量差异较大，使不同指标间在量上不能直接进行比较。为此，须对统计指标进行无量纲化处理。由于节水农业效益影响因素多、因素相互关系复杂等特点，结合研究进展，先后聘请水利、农业、土壤、气象和水利管理等方面的专家，对本书指标进行打分评价，然后采用层次分析法，通过多次征询和反馈，最后得到农业节水评价指标体系各个层次的权重。

工业节水评价体系由城市内各行业节水评价体系构成，各行业节水评价体系需要结合各行业工业用水的特点。综合考虑节水的全面性原则、科学性原则、可行性原则、动态性原则等来建立。通过该评价体系，首先可以分析城市整体的工业节水水平，确定出综合评价指标体系；其次根据不同城市的评价结果，进一步分析城市内各行业的工业用水状况。

本书中的工业节水综合指标选用万元产值取水量、工业万元增加值取水量、单位产品取水量、重复利用率、单方工业节水投资、万元产值废水排放量六项指标。

由于行业结构的不同对工业节水的影响很大，而且在进行工业节水改进措施或者完善制度时，都需要按照各个行业的具体情况来进行有针对性的分析，因此在工业节水综合评价时，有必要将各个行业分别比较，以此找出各个行业中的不足。由于行业过多，且行业内部产品结构差异的影响，要具体分析每个行业每种产品的用水情况，是一个相当复杂而庞大的工程。因此，工业节水的重点应放在高耗水行业上，参照《城市与工业节约用水手册》中对各个行业工业节水指标体系的制定，本书总结出火力发电、造纸、纺织、印染、石油化工、冶金、医药七大高耗水行业的评价指标及参考标准。

8.1.6　制定了节水型灌区、节水型工业园区评价标准

通过省内灌区调研，参考国内其他省市的关于节水型灌区建设及考核标准的相关研

究成果及国家关于灌区节水、节水型社会建设的相关规范、标准等，初步拟定湖南省节水型灌区评价指标及评价标准。

8.1.6.1 节水型灌区技术类指标标准

（1）亩均综合毛灌溉用水量。大型灌区取450 m^3/亩，中型灌区取490 m^3/亩，小微型灌区取520 m^3/亩。

（2）灌溉水有效利用系数。大型灌区0.52，中型灌区0.60，小型灌区0.7。

（3）渠系水利用系数。大型灌区0.57，中型灌区0.65，小型灌区0.75；管系水利用系数采用0.95。

（4）灌溉设施完好率。节水型灌区建设完成后，灌区各类建筑物完好率达到80%。

（5）节水灌溉工程控制率。大中型灌区达到45%，小型灌区达到60%。通过此目标促进灌区节水技术的发展。

（6）用水计量率。大中型灌区达到75%，小型灌区达到70%。

（7）水分生产率。水分生产率大于1.2 kg/m^3。

8.1.6.2 节水型工业园区节水绩效考核指标标准

（1）万元工业产值用水量。国家级工业园区不应高于全国平均水平50%，省级工业园区不应高于全省平均水平50%。

（2）万元工业增加值用水量。国家级工业园区不应高于全国平均水平50%，省级工业园区不应高于全省平均水平50%。

（3）工业用水重复利用率。大于83%（不含电厂）。

（4）水平衡测试率（水效测试率），该指标是指开展水平衡测试的企业数量与年用水量大于2万 m^3 的企业数量（%）的比值。大于50%或年增长率大于20%。

（5）节水型企业覆盖率。大于30%或年增长率大于10%。

（6）用水定额达标率。工业园区内企业、单位主要用水定额达到国家和省、市用水定额标准的数量与产品（用水类别）总数的比值。

（7）工业废水排放达标率。大于100%。

8.1.7 提出了今后湖南省节水型社会建设的对策和建议

一是构建系统完整的制度体系，全面推进节水型社会建设。健全完善节水政策法规体系，确保节水有章可循；构建较为完善的奖惩机制，增强节水内生动力。

二是调整产业结构，构建工农业综合节水体系。调整工业产业结构，建立与新型工业化相适应的节水减排体系；调整农业种植结构，建设节水型现代农业。

三是节水减排，维护良好生态环境。积极开展清洁生产审核和“ISO1400 环境管理体系”认证，推进工业园区废污水再生回用，实施八大行业节水行动，建立工业用水审计制度和《重点水污染企业名录》。

四是加强节水设施水平建设，构建高效利用的工程体系。强化农业节水推广工程，提高农业节水规模化水平；推进工业节水工程提高工业用水重复利用率；做好城乡供水系统工程建设，降低城镇管网漏损率。结合污水治理、河湖联通工程，开展非常规水资源开发利用工程建设，建设含地表水、地下水、再生水等水资源配置工程体系。

五是加强节水载体建设,树立示范标杆。制定完善湖南省节水载体建设考评标准和考核暂行办法,将节水载体建设纳入省达标创建项目;严格载体验收评定标准,大力推进载体分类动态评价制度。有序扩大节水载体建设范围,扩展节水载体建设深度和广度。扩大水效领跑者实施范围,大力发展合同节水管理等第三方服务,做大做强节水产业。

六是落实目标责任制和考核制,确保建设合力和成效。成立由政府主要负责人牵头分管责任人负责的节水型社会建设领导机构,明确相关部门职责;把节水型社会建设控制指标(用水总量,农田水灌溉利用系数,万元工业增加值用水量,水功能区水质达标率等)纳入政府绩效考核指标体系,在省级层面出台《湖南省节水型社会建设目标任务考核办法》落实奖惩措施,强化考核效能。

七是加强节水宣传,创造良好的舆论宣传氛围。明确节水型社会建设宣传内容、宣传的范围和重点,提高宣传工作的长效性;增强宣传形式的多样性,提高宣传针对性;组织编写《节水型社会建设宣传》教材。

八是改革水资源管理体制,建立节水型社会建设运行机制。形成“政府调控、市场引导、公众参与”的运行机制。充分发挥政府在水资源配置和经济发展中的宏观调控作用;通过市场的调节作用促进水资源的优化配置和节水效率的提高。

在节水型社会建设的各个层面和各个环节实行民主管理和实行公众广泛参与。

九是分配初始水权,开展水权制度试点。建立健全水权登记、公示、调整、中止等制度;在有条件和需要的地区或部门开展初始水权分配试点,把确权工作逐步推开。

8.2　主要创新点

8.2.1　节水后评价综合性更强

首先,普通的节水型社会建设评价指标一般是由综合效率指标、农业用水指标、工业用水指标和生活用水指标构成。本次后评价中,考虑到湖南省长期致力于水生态建设且效果显著,故增加了水生态指标。同时,考虑到由于水资源比较丰富,以前的节水意识比较薄弱,节水工作中提升全民节水意识、改变节水工作方法是各项工作的重中之重,故将节水管理类指标也放入指标体系中。

其次,近年来对节水型社会建设试点后评价的研究主要集中在评价其建设成效方面。节水型社会试点建设从规划、建设到最终成果的产出,需要经过目标的确定、过程的监管和指标考核等过程,包括大量的人力、物力和财力的投入,以及工程、技术、管理、观念和节水效果等产出。因此,在节水型社会建设试点评价过程中,除评估节水型社会建设试点的最终成果外,还应评估节水型社会建设试点的建设目标、指标、投入、产出的完成情况、逻辑联系及后续的可持续性条件。由于各评价指标的量纲一般不相同,故规范化处理原始指标值,得到规范值 Z_i 后进行对比。选取其中远期规划水平年 2020 年的各项指标作为最优值 Z_u。如出现实际指标值优于 2020 年的指标值的情况,则选取实际指标值作为评价指标的最优 Z_u。确定出各指标的最优值 Z_u 和最大值 Z_m,再用式(8-1)处理越大越优的指标,用式(8-2)处理越小越优的指标,得出规范值 Z_i 后进行对比,能更综合地考核评估节水型社会建设试点的建设目标、指标、投入、产出的完成情况。

$$Z_i = 100\times\left(1-\frac{Z_u - Z_i}{Z_u}\right) \tag{8-1}$$

$$Z_i = 100\times\left(1-\frac{Z_i - Z_u}{Z_m - Z_u}\right) \tag{8-2}$$

8.2.2　节水分区更为具体更有针对性

本书的分区是按照农业、工业行业的不同进行分区且对应提出节水策略，由于各地的工业和农业发展并不是一致的，且工业和农业节水的方式方法和侧重点是不一样的，将工业和农业分开分区能够更有针对性地采取对应的节水策略，同时也能够更详细地区分出各地工业和农业方面哪个是节水重点区，使各地的节水建设更为有效地进行。

湖南省不同区域水资源的天然禀赋、开发利用程度不同，社会经济发展水平存在差异，节水型社会建设区域类型应有不同。总体上看，节水型社会建设既要服从宏观上的系统规划，又要服从区域内相关因素的微观限制。节水分区应基于节水型社会建设的内容、范围与层次，在国家模式理念的指导下，结合区域经济社会及水资源特点。应遵循"清晰反映节水思路、突出区域建设重点、划分标准易量化"的原则。不同地区经济社会发展程度相差较大，水资源条件相差也较大，供需矛盾和节水需求相差悬殊，产业结构、水资源分布均差异较大，节水型社会建设的目的、目标和任务也有所不同，建设重点也不一样，应按照不同的产业分区归类，分别采用不同的节水方案，未来才能更有针对性更好地发展。本书将湖南省按农业和工业分别进行分区，分别给予节水建议，更细化且更有针对性。

节水型社会建设分区的探讨，对于系统整理当前节水型社会建设的基本经验、推动节水型社会建设不断深化具有较为重要的指导意义。本书中的节水分区方式由于易于操作和推广，故适合定期对节水型社会建设试点的状况进行评估，并进行新的类型区识别，因此能够定期根据发展情况进行发展策略修正，制订更合适的节水型社会战略方针。随着节水型社会建设试点工作的加强，节水型社会建设基础数据和信息的获取能力将得到改善，节水型社会建设区域模式识别更为准确。

8.2.3　本书中的分区方案能够详细量化的同时能更好地推广到其他地区

分析湖南省现有的各种分区：《湖南省水环境功能区划》中的水功能区划，主要考虑的是水系自然环境、社会经济状况及水资源开发利用状况；《湖南省水资源评价报告》中的水资源分区，主要考虑的是水资源供需情况；《湖南省用水定额》中的农业灌溉分区，主要考虑农业灌溉情况综合水稻灌溉定额；《湖南省国民经济和社会发展第十三个五年规划纲要》四大板块分区中主要考虑的是湖南省社会经济发展情况；《节水型社会建设"十三五"规划》中的分区，主要考虑的是可持续发展对节约用水的要求。这些现有分区中，主要存在的问题是以定性指标为依据，未有明确的定量指标；分区方式较为固定，难以根据变化情况及时调整；分区模式有很强的湖南省地域特色，难以被借鉴推广。

本书的农业节水分区和工业节水分区结合湖南当地情况建立指标从《中国水利区划》《湖南省农业统计年鉴》等材料收集提取相应数据，数据获得的方式较为快捷且准确。

另外,采用了较为科学且能够定性计算的聚类分析法进行计算得出。将分区结果与《“十三五”节水规划》中的五大节水分区进行对比,并对照湖南省水文水资源勘测局编写的《湖南省水资源调查评价》中的反映各地水资源天然禀赋的产水模数,通过分析得出,本书中关于湖南省节水的分区结果和该地区的水资源的紧缺程度有相当紧密的关系,同时和“十三五”节水规划也存在一致性,是较为科学合理的。对比湖南省原有的各类分区方案,本书中的分区方法,只要有相关的指标参数,均可定量得出,可推广至县、乡镇等。并且分区的时候参考了各方面因素,综合性较强,较为科学。

8.2.4　本书提出的节水评价指标体系较为科学且系统

评价指标既要立足于现有的基础和条件,能够科学、客观地反映不同地区、不同资源条件下的用水水平,又要考虑发展的因素和不同地区的可比性。由于农业与工业在节水中存在的困难不同,工作的关键也不同,不应采用同样的指标体系,故不同的行业采用不同的指标体系,同时针对不同的地区,行业发展不同,赋予的权重也不同。

本书在确定指标时运用系统的观点,将总体目标层层分解再进行综合,以便从各个侧面全面、完整地反映出评价对象的各个主要影响因素,全面系统地反映出工程实施前后各方面的正负效益,并通过模糊层次评价法对湖南省农业节水进行了综合评价,能更直观地分析各个指标对节水的综合影响,从而具有更好的指导意义。

8.3　不足之处及建议

(1)由于条件有限,收集到的数据不足,部分数据不够准确,故对应的后评价还不够完善。

(2)节水分区中,考虑的因素可能还不够,部分分区可能和实际有出入。

(3)建立节水指标体系时,对未来的发展估计的不够,未来还需在现有基础上完善。

(4)在使用层次分析法时,权重采用的是专家打分的方式来确定,对于权重可能每个专家由于其专业方向及对于节水型社会建设的认识方向不一样,故存在较多争议。

(5)本次节水型社会建设的研究只进行到湖南省 14 个行政区,有待未来对区、县甚至是村进行更详细的研究。

附 录

附录一 节水型社会建设现状调查表

附表 1-1 节水型社会建设现状调查表(总表)

________市基本情况摸底表

填表日期： 填表人： 审核：

一级指标	二级指标	单 位	年份			备注
			2013	2014	2015	
1 社会经济[①]	1.1 GDP 总量	万元				
	1.2 人均 GDP	万元/人				
	1.3 GDP 增速	%				
	1.4 万元 GDP 用水量	m^3/万元				
2 产业结构[②]	2.1 农业 GDP	万元				
	2.2 工业 GDP	万元				
	2.3 其他(商业 旅游等)	万元				
3 水资源量及开发利用[③]	3.1 水资源总量	万 m^3				
	3.2 人均水资源拥有量	m^3				
	3.3 水资源开发利用率	%				

续附表 1-1

一级指标	二级指标	单位	年份			备注
			2013	2014	2015	
4 水环境水生态[④]	4.1 废污水排放量(污水处理厂加企业排放量)	万 m^3				
	4.2 污水处理达标排放率	%				
	4.3 饮用水水源地水质达标率	%				
	4.4 再生水利用率	%				
5 节水项目投资(万元)[⑤]	5.1 灌区渠系工程投资	万元				
	5.2 城镇供水管网改造投资	万元				
	5.3 工业企业节水投资	万元				
	5.4 污水处理投资(厂内投资加管网)	万元				
	5.5 非常规水源利用投资(雨水+中水)	万元				
6 用水量(万 m^3)[⑥]	6.1 总用水量	万 m^3				
	6.2 实际用水量	万 m^3				
	6.3 农业用水量	万 m^3				
	6.4 工业用水量	万 m^3				
	6.5 居民生活用水量	万 m^3				
	6.6 城镇公共用水	万 m^3				
	6.7 生态环境用水量	万 m^3				

填表说明：

①GDP 总量：指一个国家或者地区所有常驻单位在一定时期内生产的所有最终产品和劳务的市场价值。（摘自统计年鉴）

人均 GDP：人均生产总值= 总产出/总人口，是以某地区一定时期国内生产总值（现价）除以同时期平均人口所得出的结果。

万元 GDP 用水量：GDP 总量/总用水量。

GDP 增速：GDP 增长率=（本期 GDP － 上期 GDP）/上期 GDP

②农业 GDP：农业产值。（摘自统计年鉴）

工业 GDP：工业产值。（摘自统计年鉴）

③水资源总量：水资源总量是指降水所形成的地表和地下的产水量，即河川径流量（不包括区外来水量）和降水入渗补给量之和。（摘自水资源公报）

人均水资源拥有量：指在一个地区（流域）内，某一个时期按人口平均每个人占有的水资源量。（摘自水资源公报）

水资源开发利用率：水资源开发利用率是指流域或区域用水量占水资源总量的比值，体现的是水资源开发利用的程度。（摘自水资源公报）

④废污水排放量：指工业、第三产业和城镇居民生活等用水户排放的水量，不包括火电直流冷却水排放量和矿坑排水量。（摘自水资源管理年报）

污水处理达标排放率：污水排放达标量与污水排放总量的比率。（摘自水资源管理年报）

城镇饮用水水源地水质达标率：达标水源个数/饮用水水源地总数。（摘自水质公报）

再生水利用率：是指将污水处理成中水后进行利用，利用后的中水又与补充的新水一道进入生产环节而变成污水，将这些污水又处理成中水行业回用，所以污水再生利用率有中水重复利用之意。再生水利用率=污水回用量/（污水回用量+直接排入环境的污水量）。（摘自水质公报）

⑤灌区渠系工程投资：国家、地方投资灌区渠系的金额。（来源于水利厅农水处）

城镇供水管网改造投资：城镇供水管网改造的投资金额。（来源于住房和城乡建设部）

工业企业节水投资：工业企业采取节水措施的投资金额。（来源于经信委）

污水处理投资：修建污水厂及处理设施的投资金额。

非常规水源利用投资：指开发利用雨水及处理后的中水等所消耗的投资。（来源于住房和城乡建设部）

⑥总用水量：各行业用水量总和。（摘自水资源公报）

农业用水量:农业部门用水量总和。(摘自水资源公报)

工业用水量:工业部门用水量总和。(摘自水资源公报)

居民生活用水量:居民生活用水量,包含城市和农村。(摘自水资源公报)

城镇公共用水:指为城市社会公共生活服务的用水。(摘自水资源公报)

生态环境用水量:是指为生态环境修复与建设或维持现状生态环境质量不至于下降所需要的最小需水量。(摘自水资源公报)

备注:节水灌溉投资含中央投资、地方配套资金。跨年度项目根据项目实施情况按年度分摊。

附表 1-2　节水型社会建设现状调查表(生活用水)

＿＿＿＿＿＿市节水社会建设基本情况摸底表

填表日期：　　　　填表人：　　　　审核：

一级指标	二级指标	单位	年份			备注
			2013	2014	2015	
生活用水	城镇人均生活水用量①	m^3				
	乡村人均生活水用量②	m^3				
节水	节水器具普及率③	%				
	农村集中供水普及率④	%				
	再生水回用率⑤	%				
	城镇生活污水集中处理率⑥	%				
	城镇公共供水管网漏损率⑦	%				
机制(省级)	居民生活用水超定额累进加价制度	文件				
	水资源费征收制度	文件				
	取水许可制度	文件				
	排污许可及排污总量控制	文件				
	计划用水制度	文件				
	最严格水资源管理制度	文件				
	用水效率红线	文件				
	地方性节水规章制度	文件				
社会意识及节水文化(节水载体)	节水宣传	文件				
	公众参与与平台建设	个				
	节水校园、节水机关、节水型居民小区、节水企业等	个				

填表说明：

①城镇人均生活水用量：城镇单位人口日用水量。（摘自水资源公报）

②乡村人均生活水用量：农村单位人口日用水量。（摘自水资源公报）

③节水器具普及率：指在用用水器具中节水型器具数量与在用用水器具的比率。（来源于住房和城乡建设部）

④农村集中供水普及率：农村集中供水普及率=农村集中供水受益人数/农村总人口。（来源于水利厅工管局）

⑤再生水回用率。（来源于住房和城乡建设部）

⑥城镇生活污水集中处理率：城镇生活污水集中处理率=经处理达到生活污水排放标准的城镇污水量/城镇生活污水总量。（来源于住房和城乡建设部）

⑦城镇公共供水管网漏损率：城镇公共供水管网漏损率=（城镇公共供水总量-有效供水量）/供水总量。（来源于住房和城乡建设部）

附表 1-3　节水型社会建设现状调查表(农业节水)

__________市节水社会建设基本情况摸底表

填表日期：　　　　填表人：　　　　审核：

一级指标	二级指标	单位	年份			备注
			2013	2014	2015	
耕地面积①	总面积	万亩				
	有效灌溉面积	万亩				
作物种植结构②	单季水稻	万亩				
	双季水稻	万亩				
	经济作物	万亩				
灌溉制度	综合灌溉定额③	m^3/亩				
	总需水量	万 m^3				
	灌溉用水量	万 m^3				
	农田灌溉水有效利用系数					

填表说明：

①耕地面积：总面积是单季稻、双季稻和经济作物的种植面积。(摘自统计年鉴)

有效灌溉面积：水利设施参与灌溉的耕地面积。(摘自统计年鉴)

②作物种植结构：主要统计单季水稻、双季水稻和经济作物的种植面积。(摘自统计年鉴)

③综合灌溉定额：指的是单季水稻、双季水稻和经济作物灌溉定额加权后的综合灌溉定额。(摘自统计年鉴)

$$M_{综}=\alpha_{单}\times M_{单}+\alpha_{双}\times M_{双}+\alpha_{经}\times M_{经}$$

总需水量：是指有效灌溉面积内作物总需水量，即有效灌溉面积与综合灌溉定额的乘积。(摘自水资源公报)

灌溉用水量：是作物需水量与损失量之和，即总需水量除以灌溉水利用系数。(摘自水资源公报)

农田灌溉有效水利用系数：农田灌溉水利用系数=灌入田间的水量(或流量)÷渠首引进的总水量(或流量)。(摘自水资源公报)

附表 1-4 节水型社会建设现状调查表(工业节水)

____________市基本情况摸底表

填表日期： 填表人： 审核：

一级指标	二级指标	单位	年份			备注
			2013	2014	2015	
规模企业用水量①	万元 GDP 用水量	m^3/万元				
	万元工业增加值用水量	m^3/万元				
	工业用水重复利用率	%				
高耗水行业②	万元 GDP 用水量	m^3/万元				
	万元工业增加值用水量	m^3/万元				
	用水重复利用率	%				
污废水③	废水达标率	%				
	废水排放率	%				
用水管理水平	开展水平衡测试企业个数④	个数				
	工业用水计量率	%				

填表说明：

①万元 GDP 用水量：规模企业用水量与产值的比值。(摘自统计年鉴)

规模企业：年产值超过 2 000 万元人民币的企业。

万元工业增加值用水量：是指用于增加产值的用水量与增加的产值的比值。(摘自统计年鉴)

工业用水重复利用率：是指重复利用的水量与总用水量的比值。(摘自统计年鉴)

②高耗水行业：指火电、石化、造纸、冶金、钢铁、食品等高耗水企业。

万元 GDP 用水量：指高耗水行业万元 GDP 的用水量。

万元工业增加值取水量：指高耗水行业用于增加产值的用水量与增加的产值的比值。

高耗水行业用水重复利用率:高耗水行业重复利用的水量与总水量的比值。

③废水达标率:是工业废水排放达标量与工业废水排放总量的比率。

废水排放率:是排放的废水量占废水总量的比值。

④水平衡测试企业个数:统计各项取用水数据,开展了水平衡测试绘制了水量平衡图的企业个数。

附录二　节水型灌区调研表

附表 2-1　节水型灌区调研表(定量指标)

序号	指标类型	指标	单位	调研结果			备注
				2017 年	2016 年	2015 年	
1	基础数据①	灌区作物种植面积	亩				种植结构
2		灌区实际灌溉面积	亩				
3		高效节水灌溉面积	亩				
4		灌区全年灌溉总用水量	万 m^3				
5	种植结构②	早稻种植面积	亩				
6		中稻种植面积	亩				
7		晚稻种植面积	亩				
8		油菜种植面积	亩				
9		其他种植面积	亩				
10	技术指标③	灌溉水有效利用系数					
11		灌区亩均毛灌溉用水量	m^3				
12	取水计量④	主要取水口数量	处				
13		有计量设施的取水口数量	处				
14	取水设施	灌溉设施(骨干)完好数量	处				抽查
15		灌溉设施总数量	处				

续附表 2-1

序号	指标类型	指标	单位	调研结果			备注
				2017 年	2016 年	2015 年	
16	节水投资	灌溉设施改造投资	万元				
17		计量设施投资	万元				
18		其他					

填表说明：

①作物种植面积=早稻种植面积+中稻种植面积+晚稻种植面积+油菜种植面积+其他种植面积。

②以统计年鉴数据为准。

③灌溉水利用系数=灌入田间的水量(或流量)÷渠首引进的总水量(或流量)。

④灌区干渠、支渠、斗渠取水口安装计量设施数量。

附表 2-2　节水型灌区调研表(定性指标)

编号	指标类型	指标	调查结果		备注
			有	无	
1	组织机构	1)有专职管理机构或相关其他管理机构			年份
2		2)有专职节水管理人员			
3		3)有节水书面岗位责任制			
4	制度建设	1)有严格的灌区用水管理制度			
5		2)用水原始记录齐全,统计台账数据准确可靠			
6		3)管理机构清楚灌区用水情况,有完整的灌区供排水渠道分布图及用水设施和计量设施分布图			
7		4)定期巡回检查,有巡查记录,发现问题及时解决,无大水漫灌等浪费水现象			
8	计划用水	1)制订并向基层用水单位下达年度用水计划			
9		2)有多水源联合调配方案(仅有单一水源的按空项折算)			
10	节水宣传	1)灌区有专门的节水宣传栏、标语、标识			
11		2)灌区管理单位职工和灌区内群众有较强节水意识			
12	信息化建设和墒情监测	1)开展灌区用水自动监测等信息化工作			
13		2)开展墒情监测工作			

附表 2-3　节水型灌区评价标准调研表

序号	考评内容	考评方法	参考考评标准	调查结果	备注
1	灌溉水利用系数	查资料:灌溉水利用系数=灌入田间的水量(或流量)÷渠首引进的总水量(或流量)	大型灌区 0.52,中小型灌区 0.6,井灌区 0.70,喷灌、微灌、滴灌区 0.85		
2	渠系水利用系数	查资料:渠系水利用系数=末级固定渠道放出的总水量÷渠首引进的总水量	大型灌区 0.57,中小型灌区 0.65,井灌区 0.80		
3	水分生产率(kg/m^3)	查资料:水分生产率=作物单位面积产量÷作物全生育期耗水量	水分生产率大于 1.2 kg/m^3		
4	用水计量率(%)	查资料、看现场:用水计量率=(渠道上已安装计量设施数÷应安装计量设施数)×100%			
5	节水灌溉工程控制率(%)	查资料、看现场:节水灌溉工程控制率=(节水灌溉工程面积÷有效灌溉面积)×100%	大中型灌区 45%,小型灌区 60%,井灌区 90%		
8	制度建设	查资料和文件,看现场			
9	节水设施	抽查现场			
10	节水宣传	查资料,询问节水常识			
11	鼓励性指标	查资料,看现场			

附录三　节水型工业园区调研表

附表 3-1　节水型工业园区调研表（定量指标）

指标类型	指标及编号		单位	年份			备注
	编号	指标名称		2017 年	2016 年	2015 年	
基本情况	1	园区类型（80%以上企业所属行业）					
	2	园区内企业个数	个				
	3	工业园区总产值	万元				
	4	园区总人数（1）	人				
取用水量	5	取水总量（2）	万 m^3				
	6	工业重复利用水量（3）	万 m^3				
	7	非常规水资源利用量（4）	万 m^3				
	8	生活用水总量	万 m^3				
节水情况	9	园区内开展水平衡测试（5）的企业个数	个				园区企业可能未参评节水型企业，可针对园区内企业先做节水调查
	10	园区内节水型企业个数（6）	个				
	11	园区内节水型企业用水量之和	万 m^3				
	12	节水型器具普及率（7）	%				生活用水器具
	13	用水器具设备漏水率（8）	%				生活用水器具
	14	工业废水排放总量（9）	万 m^3				如无数据，可用工业废水达标排放率
	15	工业废水达标排放总量	万 m^3				

续附表 3-1

指标类型	指标及编号		单位	年份			备注
	编号	指标名称		2017 年	2016 年	2015 年	
污废水排放	16	污水总量	万 m^3				如无数据，可用污水处理率（含生活用水）
	17	集中处理污水量(10)	万 m^3				
	18	年用水成本(11)	万元				
	19	园区节水投资(12)	万元				
节水与排污成本	20	污水处理投资	万元				
	21	非常规水资源利用投资	万元				

节水指标说明：

（1）园区总人数：包含企业生产人员。

（2）取水总量：供水管网取用水量。

（3）工业重复利用水量：指工业企业内部，循环利用的水量和直接或经处理后回收再利用的水量，包括循环用水量、串联用水量和回用水量。

（4）非常规水资源利用量：指再生水和雨水利用量。

（5）水平衡测试：由住建部主持开展，推进科学用水管理，企业自行组织，费用政府补贴。

（6）节水型企业覆盖率：已经认定为节水型企业（单位）的用水量占园区总用水量的百分比。

（7）节水型器具普及率：指工业园区内生活用节水器具的普及率。

（8）用水器具设备漏水率：指工业园区内生活用水器具设备的漏水率。

（9）工业废水排放总量：无须处理或经处理达到排放标准的外排水量。

（10）集中处理污水量：已集中处理污水量（达到二级处理标准）的工业废水和生活污水总量。

（11）年用水成本：年缴纳水费总量。

（12）园区节水投资：园区供水管网节水改造、节水器具、节水管理等投资。

附表 3-2　节水型工业园区调研表(定性指标)

指标类型	编号	指标	调查结果		备注
			有	无	
管理机构	1	有主管领导负责节水工作,建立办公会议制度			
	2	有节水主管部门和专职(兼职)节水管理人员			
管理制度	3	有健全的节水管理网络和明确的岗位责任制			
	4	有计划用水和节约用水的具体管理制度			
	5	制定有效的近、远期节水规划及完成情况			
	6	建立节水统计制度,定期报送节水统计报表			
	7	实行定额管理,有节奖超罚制度			
	8	有健全的水计量管理制度			
计量管理	9	坚持定期抄表,按时完成统计报表并进行用水分析,原始记录和统计台账完整规范			
	10	定期开展水平衡测试工作,并按规定完善水平衡测试报告书,且有整改计划			
	11	有完整的计量网络图			
	12	内部实行定额管理,有节奖超罚			
设备管理	13	有近期完整的给排水管网图,且管网图完整清晰			
	14	用水设备管道器具有定期检修			
	15	应采用相应的节水设备,已使用的节水设备管理好运行正常			
	16	用水情况清楚,定期巡回检查用水情况,发现问题能及时解决			

续附表 3-2

指标类型	编号	指标	调查结果		备注
			有	无	
节水宣传	17	能结合每年的节水宣传(世界水日、全国节水宣传周)等活动,在园区内广泛宣传,使各类用水人员知晓、了解节水工作,并有相关宣传资料			
节水创新	18	有无非常规水资源利用			
	19	有无自主的节水发明或者节水措施			
节水动力		有无来自政府或其他机构节水补贴			
		节水投资与收益情况			
节水阻力					

附表 3-3　节水型工业园区评价指标调研成果

序号	定量指标	计算方法	参考标准	调研情况			备注(标准咨询)
				2017 年	2016 年	2015 年	
1	万元产值取用水量(与园区产业类型有关)	$\frac{取水总量}{工业园区总产量}$	详见说明				
2	工业重复水利用率	$\frac{重复利用量}{取水量+重复利用量}$	85%				与园区类型有关,参考 Excel 中附表
3	人均日生活用水量	$\frac{生活用水总量}{365\times总人数}\times1\ 000$	160 L/(人·d)				
4	节水型企业(单位)覆盖率	$\frac{园区内节水型企业用水量之和}{园区内企业总用水量}\times100\%$	60%				
5	节水型器具普及率	$\frac{使用节水型器具个数}{检查器具的总数}\times100\%$	100%				
6	用水器具设备漏水率	$\frac{检查出的漏水件数}{检查的总件数}\times100\%$	2%				

续附表 3-3

序号	定量指标	计算方法	参考标准	调研情况			备注(标准咨询)
				2017 年	2016 年	2015 年	
7	工业废水排放达标率	$\frac{\text{工业废水达标排放总量}}{\text{工业废水排放总量}}\times100\%$	100%				
8	污水处理率 (达到二级处理标准)	$\frac{\text{污水集中处理量}}{\text{污水总量}}\times100\%$	100%				
9	非传统水资源利用替代率	$\frac{\text{非传统水资源取用量}}{\text{用水总量}}\times100\%$	5%				
10	节水管理网络健全,岗位责任制明确						
11	用水、节水管理制度齐全,有相应节水规划						
12	有健全的壅水、节水设备管理制度,做到定期巡回检查						
13	建立抄表制度,做好用水分析						
14	按规定周期进行水平衡测试						
15	有近期完整的计量网络图及管网图						
16	经常开展节水宣传						

附图1 湖南省水系图

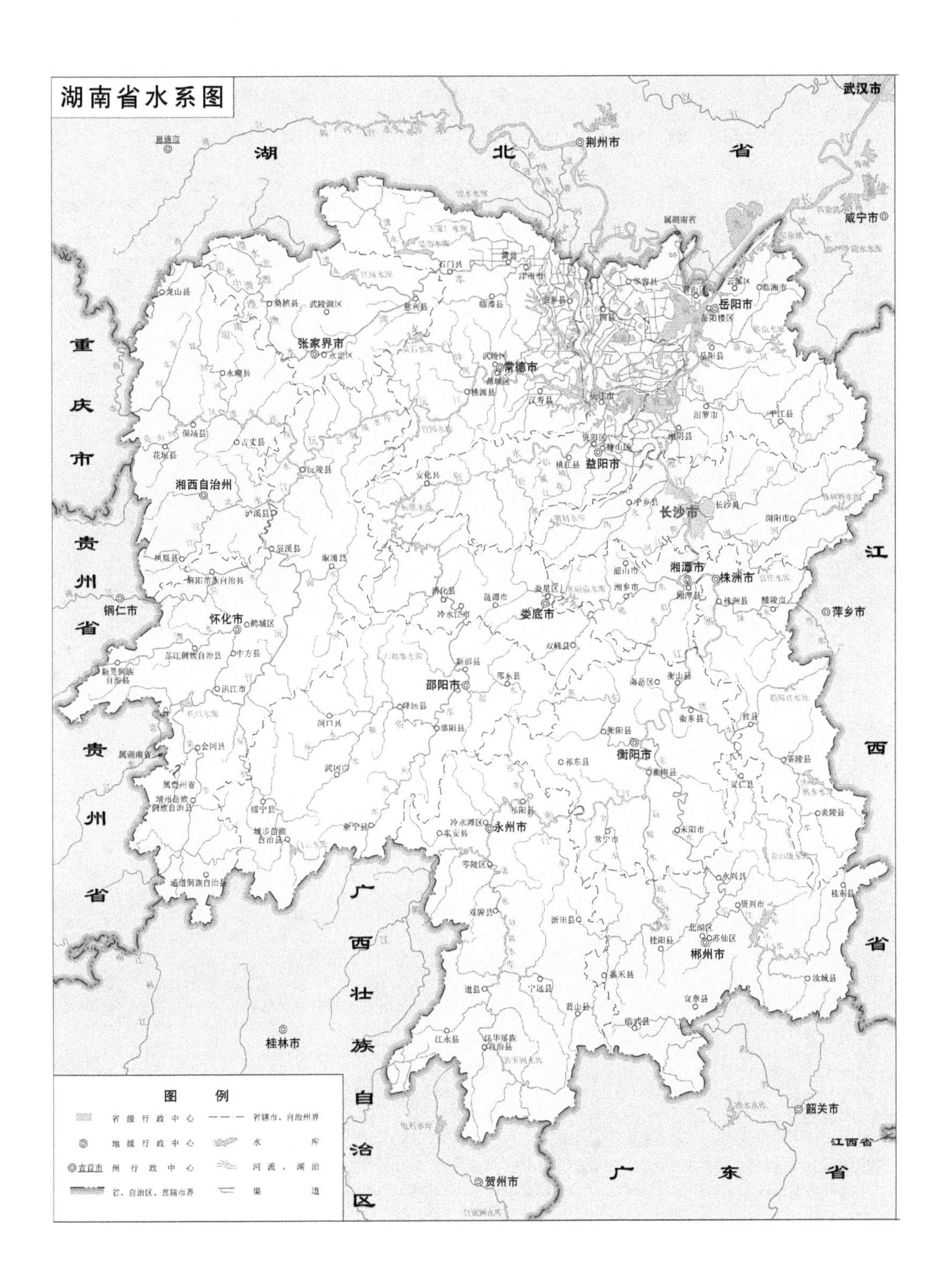
湖南省水系图
武汉市
荆州市
湖
北
省
咸宁市
重
庆
市
贵
州
省
铜仁市
江
西
省
萍乡市
广
西
壮
族
自
治
区
桂林市
贺州市
广
东
省
韶关市
江西省
张家界市
常德市
岳阳市
益阳市
湘西自治州
长沙市
湘潭市
株洲市
娄底市
怀化市
邵阳市
衡阳市
永州市
郴州市
图 例
省级行政中心
地级行政中心
州行政中心
省、自治区、直辖市界
省辖市、自治州界
水库
河流、湖泊
渠道

附图 2　湖南省工业节水分区示意图

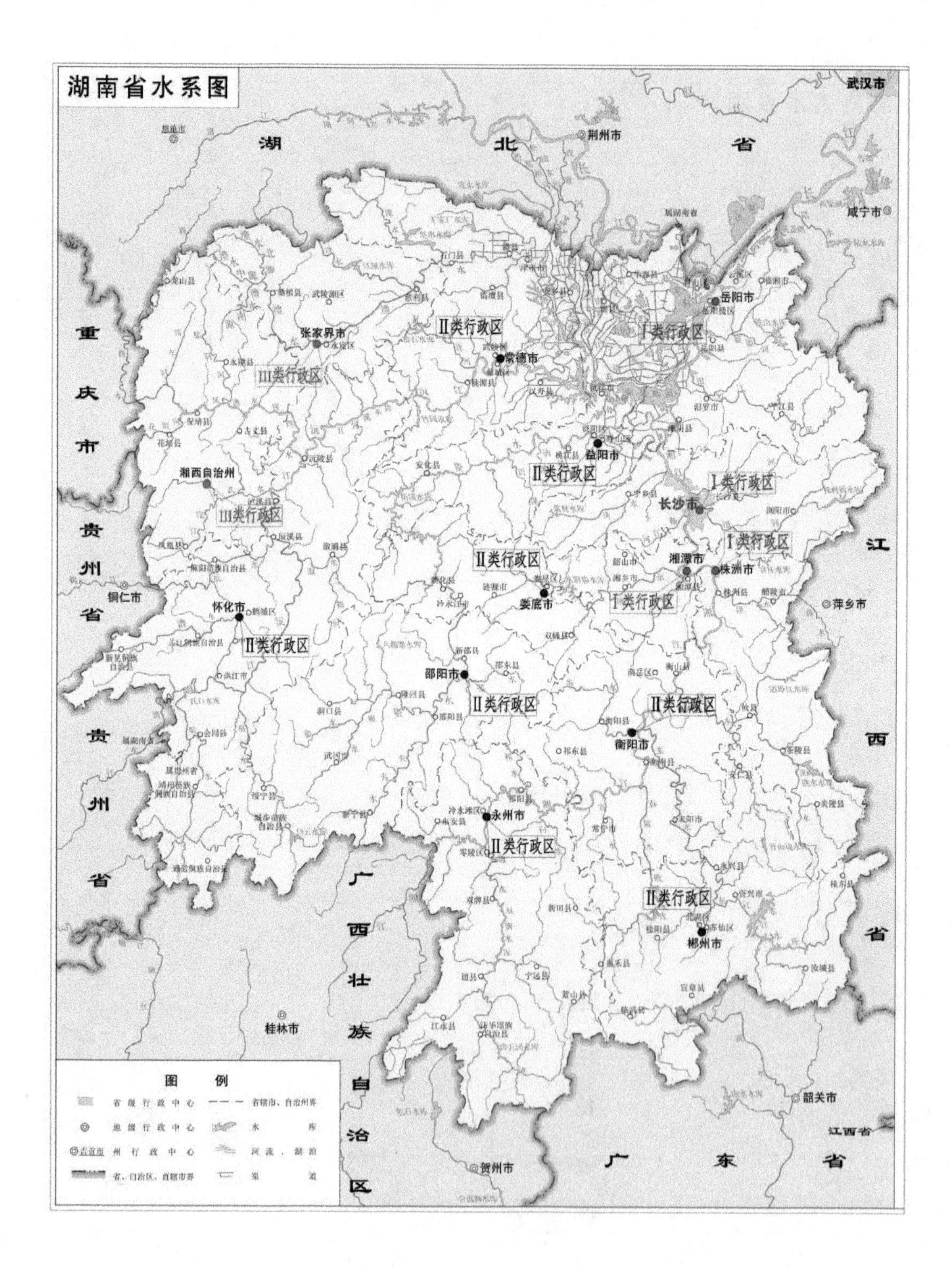

附图 3　湖南省农业节水分区示意图

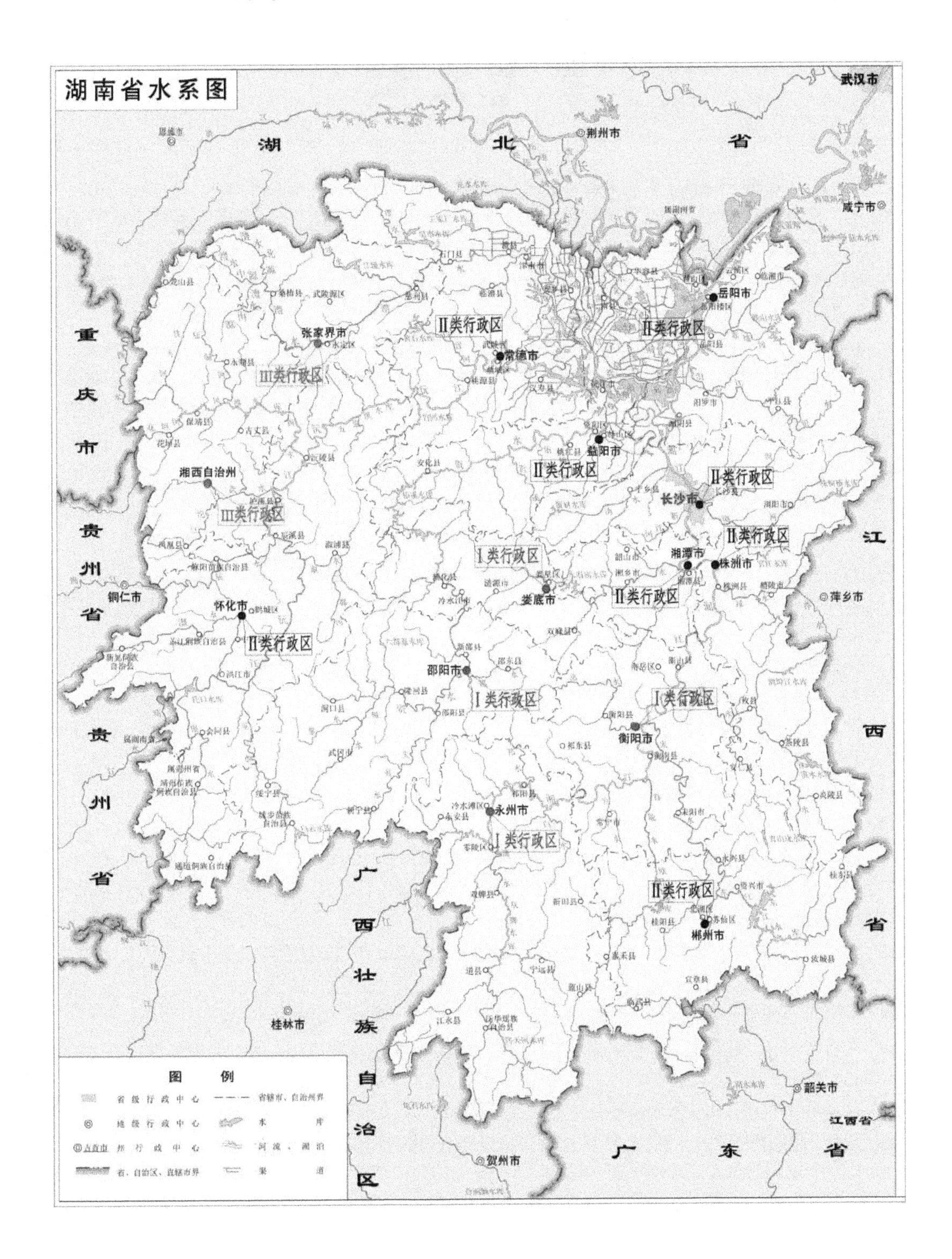

参 考 文 献

[1] 王修贵,陈丽娟,陈述奇,等.节水型社会建设试点后评价研究[J]. 水利经济,2012,30(2):6-10.

[2] 朱厚华,艾现伟,朱丽会,等.节水型社会建设模式、经验和困难分析[J]. 水利发展研究, 2017(4):33-35.

[3] 赵江涛, 梁川,张晓今,等.湖南省湘潭市节水型社会建设效果后评价[J].黑龙江大学工程学报,2017,8(4):13-18.

[4] 王曦,张永丽,陈康.基于 AHP 的节水型社会建设评价[J]. 人民黄河, 2012,34(6): 80-82.

[5] 颜志衡,袁鹏,黄艳,等.节水型社会模糊层次评价模型研究[J].水电能源科学, 2010,28(4): 35-39.

[6] 车娅丽,徐慧,龚李莉,等.基于 PSR 模型和主成分分析法的节水型社会建设评价[J].水电能源科学, 2014,32(7): 124-127.

[7] 赵世雯,唐德善.上海市节水型社会建设效果评价[J].南水北调与水利科技, 2014,12(6):173-176.

[8] 李艳,陈晓宏,张鹏飞.基于 TOPSIS 法的广东省节水型社会建设评价[J].人民珠江,2014,35(3): 1-3.

[9] 黄娅婷. 基于熵权的模糊物元模型的节水灌溉工程优选[J].广东水利水电, 2011(4): 9-16.

[10] 付梁其.基于 AHP 和模糊综合评价法的节水型社会建设评价研究[D]. 江苏:扬州大学, 2016.

[11] 张熠, 王先甲. 节水型社会建设评价指标体系构建研究[J].中国农村水利水电, 2015(8): 118-120,125.

[12] 杨建仁, 刘卫东.基于灰色关联分析和层次分析法的新型工业化水平综合评价——以中部六省为例[J].数学的实践与认识, 2011,41(2): 122 -132.

[13] 高军省. 灰色关联分析法在节水灌溉工程投资决策中的应用[J].长江大学学报(自然版) ,2011,8(1): 16-17.

[14] 张熠, 王先甲. 节水型社会建设评价指标体系构建研究[J].中国农村水利水电, 2015(8): 118-120.

[15] 陈莹,赵勇,刘昌明.节水型社会评价研究[J]. 资源科学,2004,26(6): 83-89.

[16] 郭巧玲,杨云松.节水型社会建设评价——以张掖市为例[J].中国农村水利水电, 2008(5):25-30.

[17] 郭艳,朱记伟,刘建林,等.陕西省节水型社会建设试点城市评价及对比分析[J].中国农村水利水电,2015(5): 31-34.

[18] 刘煜晴, 沙晓军, 袁艳梅, 等. 基于 AHP 和 GRA 的江阴市节水型社会建设综合评价[J]. 水资源与水工程学报, 2016,27(6):239-243.

[19] 洪娟.张掖市节水型社会建设效果后评价研究[D].南京:河海大学,2007.

[20] 王巧霞,袁鹏,谢勇.集对分析在节水型社会建设评价中的应用研究[J].水电能源科学,2011(9):134-137.

[21] 高俊海.重庆市永川区节水型社会建设试点后评价研究[J].农业与技术,2016(9): 83-8,88.

[22] 栾慕,刘俊,库勒江 · 多斯江,等.滨江城市节水型社会评价指标体系研究[J].人民长江,2016,47(16): 30-34.

[23] 姜蓓蕾,耿雷华,徐澎波,等.南方丰水地区节水型社会建设特点初探[J].人民长江,2011,42(17):84-86,90.

[24] 贺川,毛德华.基于水—生态—社会相协调的湖南省节水型社会评价体系研究[J].衡阳师范学院学

报,2013,34(6):117-121.
[25] 湖南省统计局.2011—2015 年湖南省统计年鉴[R]. 湖南:湖南省统计局.
[26] 唐少清.项目评估与管理[M].北京:清华大学出版社,2006.
[27] 刘兴华,唐德善,吴娟,等.改进的逻辑框架法在黑河调水项目后评价中的应用[J].水利科技与经济,2006(10):675-677.
[28] 吴鸿亮.改进的逻辑框架法在电网项目后评价中的应用[J].电网与清洁能源,2011,27(10):4-7,12.
[29] 国务院国有资产监督管理委员会.中央企业固定资产投资项目后评价工作指南[R].北京:国务院国有资产监督管理委员会,2005.
[30] 秦吉,张翼鹏.现代统计信息分析技术在安全工程方面的应用——层次分析法原理[J].工业安全与防尘,1999,25(5):44-48.
[31] 中华人民共和国水利部.节水型社会评价指标体系和评价方法:GB/T 28284—2012[S].北京:中国标准出版社,2012.
[32] 徐海洋,杜明侠,张大鹏,等.基于层次分析法的节水型社会评价研究[J].节水灌溉,2009(7):31-33.
[33] 李岱远,高而坤,吴永祥,等.基于网络层次分析法的节水型社会综合评价[J].水利水运工程学报,2017(2):29-37.
[34] 徐健.节水型社会建设评价方法研究[D].泰安:山东农业大学,2014.
[35] 张丹.节水型社会评价指标体系构建研究[D].西安:长安大学,2013.
[36] 张华,王东明,王晶日,等.建设节水型社会评价指标体系及赋权方法研究[J].环境保护科学,2010,36(5):65-68.
[37] 许一. 安徽省节水灌溉分区与综合评价研究[D].合肥:合肥工业大学,2009.
[38] 黄泳华. 工艺用水过程可视化及节水评价模式研究[D].西安:西安理工大学,2018.
[39] 尹剑,王会肖,王艳阳,等.关中地区农业节水分区研究[J].中国生态农业学报, 2012,20(9):1173-1179.
[40] 庞桂斌,张双,傅新,等.黄河三角洲地区农业节水分区与适宜节水模式[J].中国农村水利水电,2016(4):21-28.
[41] 褚琳琳.江苏省节水农业分区及发展模式[J].节水灌溉,2014(11):91-95.
[42] 雷玉桃,黎锐锋.节水模式、用水效率与工业结构优化:自广东观察[J].改革,2014(7):109-115.
[43] 廖小龙.南昌市节水型社会建设评价研究[D].南昌:南昌大学,2011.
[44] 胡宏立.平顶山市节水型社会建设研究[D].郑州:郑州大学,2016.
[45] 刘丹."节水型社会"建设模式选择优选[J].中国农村水利水电,2004(12):19-24.
[46] 中华人民共和国水利部.节水灌溉项目后评价规范:GB/T 30949—2014[S].北京:中国标准出版社,2014.
[47] 国家发改委.节水型社会建设"十三五"规划[R].北京:国家发改委,2015.
[48] 长沙市节水型社会建设试点工作领导办公室.长沙市节水型社会建设试点自评估报告[R].长沙:长沙市节水型社会建设试点工作领导办公室,2013.
[49] 株洲市节水型社会建设试点工作领导办公室.株洲市节水型社会建设试点自评估报告[R].株洲:株洲市节水型社会建设试点工作领导办公室,2013.
[50] 湘潭市节水型社会建设试点工作领导办公室.湘潭市节水型社会建设试点自评估报告[R].湘潭:湘潭市节水型社会建设试点工作领导办公室,2013.
[51] 岳阳市节水型社会建设试点工作领导办公室.岳阳市节水型社会建设试点自评估报告[R].岳阳:岳阳市节水型社会建设试点工作领导办公室,2013.

[52] 湖南省水利厅.湖南省节水型社会建设“十三五”规划[R].湖南:湖南省水利厅,2013.
[53] 湖南省水利厅.湖南省水功能区划[R].湖南:湖南省水利厅,2014.
[54] 湖南省人民政府.湖南省国民经济和社会发展十三五规划纲要[R].湖南: 湖南省人民政府,2016.
[55] 王浩,刘家宏.新时代国家节水行动关键举措探讨[J].中国水利,2018(6).
[56] 陈博.曲型地区节水载体建设做法与启示[J].水资源管理,2018(1).
[57] 唐莲.节水型灌区载体评价指标体系[J].农业水土资源利用与保护,2010,8(1).
[58] 陈博.以节水载体建设为推手加快推进绿色发展的思考[J].水资源管理.2019(7).
[59] 郭晓东.节水型社会建设背景下区域节水措施及其节水效果分析[J].平旱区资源与环境,2013,7(15).
[60] 郭晓东.节水型社会建设背景下区域节水影响因素与分析[J].中国人口资源与环境,2013(12).
[61] 王兰.南方地区节水减排面临的形势与对策——以江西省为例[J].人民长江,2016(6).
[62] 马淑杰.我国高耗水工业行业节水现状与分析及政策建议[J].中国资源综合利用,2017(2).
[63] 郭路祥.我国合同节水管理现状与前景分析[J].中国水利,2016(15).
[64] 中华人民共和国水利部.节水灌溉评价规范:GB/T 30949—2014 [S].北京: 中国标准出版社,2014.